Rosemarie Gehring & Stefan Sicurella

100 Fragen ans Universum

... und die überraschenden Antworten

Die Weiße Bruderschaft

D1717295

Haftung

Die Informationen dieses Buches sind nach bestem Wissen und Gewissen dargestellt. Sie ersetzen nicht die Betreuung durch einen Arzt, Heilpraktiker oder Psychotherapeuten, wenn Verdacht auf eine ernsthafte Gesundheitsstörung besteht. Weder Autoren noch Verlag übernehmen eine Haftung für Schäden irgendwelcher Art, die direkt oder indirekt aus der Anwendung des Inhalts dieses Buches entstehen könnten.

Bitte fordern Sie unser kostenloses Verlagsverzeichnis an:

Smaragd Verlag
In der Steubach 1
57614 Woldert (Ww.)
Tel.: 02684.978808
Fax: 02684.978805
E-Mail: info@smaragd-verlag.de
www.smaragd-verlag.de

Oder besuchen Sie uns im Internet unter der obigen Adresse.

© Smaragd Verlag, 57614 Woldert (Ww.)
Deutsche Erstausgabe Januar 2007
Umschlaggestaltung: preData
Illustrationen: Solvei und Svenja Gehring
Satz: Heuchemer, Smaragd Verlag
Printed in Czech Republic
ISBN 978-3-938489-30-7

Rosemarie Gehring & Stefan Sicurella

100 Fragen ans Universum

... und die überraschenden Antworten

Smaragd Verlag

Über die Autoren

Rosemarie Gehring

 Ich hatte eine naturverbundene Kindheit, was mich auch heute noch sehr prägt. Nach dem Abitur arbeitete ich bei einer Krankenkasse, diese brachte mir aber keine Erfüllung. Deshalb begann ich mit einem Biologiestudium. Ehe und Familie unterbrachen dann diese Ausbildung, und ich bekam drei wundervolle Kinder, die ständig krank waren, wodurch ich auf den Weg zur Heilpraktikerin geführt wurde.

Wenn ich heute auf meinen bisherigen Lebensweg zurückschaue, zeigt sich ganz klar der rote Faden – was ich früher als „Irrwege" empfand, empfinde ich heute als wunderbare Fügung der Geistigen Welt, die mich schließlich über mehrere Stationen (Klassische Homöopathie, Bachblütentherapie u. a.) zu dem führte, was ich heute bin, wobei Reiki dann einige Jahre später noch einmal eine entscheidende, weitere Station darstellte (Lehrerin und Großmeistergrad).

Heute arbeite ich spirituell und in meiner eigenen Praxis als Heilpraktikerin und bin gespannt, wie es weitergeht.

An dieser Stelle möchte ich meinem Mann dafür danken, dass er mich immer, wenn ich dabei war abzuheben, liebevoll mit den Füßen auf die Erde zurückgebracht hat, denn hier haben wir unsere Lebensaufgabe zu erfüllen.

Ich danke aber auch all den Menschen, die mich auf meinem Lebensweg begleitet und „geschubst" haben, wenn ich nicht mehr weiter wollte; allen meinen Lehrern dafür, dass sie mich an ihrem Wissen teilhaben ließen, und der Geistigen Welt, dass ich so sanft geführt werde und langsam vorangehen darf.

Stefan Sicurella

Nach einem „normalen" Lebensweg mit Schule, Ausbildung und Beruf kamen viele berufliche Stationen, in denen ich mich meistens nicht so richtig wohl fühlte, was nach einigen Jahren schließlich zu einer Lebenskrise führte. In dieser Zeit besuchte meine Frau einen Reiki-Kurs („zufällig" bei der Autorin dieses Buches), und wollte auch mir eine Reiki-Behandlung angedeihen lassen. Skeptisch wie ich war, ließ ich es zu, denn schlimmer konnte es ja nicht mehr kommen.

Heute kann ich diesen Tag als ersten Wendepunkt in meinem Leben bezeichnen, denn die Kraft, die mich durch diese Reiki-Behandlung durchfloss, war nicht zu leugnen, und so öffnete ich mich schließlich auch für eine homöopathische Behandlung. Von nun an ging es wieder aufwärts, und die Lektüre zahlreicher Bücher befriedigte den Drang nach Wissen für eine gewisse Zeit.

Der zweite Wendepunkt war die Geburt unseres dritten Kindes. Dieser Augenblick – der minutenlange, bewusste Blick unseres Sohnes in meine Augen – erfüllte mein Herz mit unendlich viel Liebe. Danach ging alles Schlag auf Schlag, angefangen von einer Reiki-Ausbildung über den Besuch eines Mediums, das mich mit den Weisheiten des Universums und meinem Meister vertraut machte, über etliche weitere Studien, Meditationen und viele Kurse und Seminare, – bis hin zu diesem Buch.

ICH BIN gespannt, wie es weitergeht.

Inhalt

Wir widmen dieses Buch unseren Partnern
und Kindern und danken ihnen
auf diesem Weg für ihre
Unterstützung auf allen Ebenen.

Rosemarie und Stefan

Die Entstehung dieses Buches

Nachdem ich mir nach dem Abitur vorgenommen hatte, nie wieder einen Aufsatz zu schreiben, war ich sehr überrascht, von der Geistigen Welt den Auftrag für ein Buch zu bekommen. Vor etwa sieben Jahren, während ich durch ein Tal, genannt Lebenskrise, wanderte, begann das, was den Ursprung für dieses Buch legte. Jeden Abend nahm ich damals Kontakt zu meinem Engel auf und bat um Hilfe. Eines Abends begann meine rechte Hand zu zucken, ich nahm mir ein Blatt und einen Stift zur Hand und plötzlich fing meine Hand von ganz alleine an zu schreiben. Das befremdete mich sehr, und ich befürchtete, mit niederen Wesenheiten in Kontakt zu stehen. Deshalb ließ ich dieses wundervolle Geschenk nach anfänglichem Herumprobieren jahrelang brach liegen.

Erst jetzt, zum Ende dieses Jahrsiebst (ich bin 7 mal 7 = 49 Jahre), bin ich gestärkt durch das Interesse und die Neugier von Stefan wieder zu dieser Gabe zurückgeführt worden und habe schnell den Auftrag für dieses Buch bekommen. Wie aus Spaß hatte Stefan seinem geistigen Führer den Satz: „Wir könnten doch zusammen ein Buch schreiben, 100 Fragen an das Universum, einfallen würde mir da genug" hingeworfen. Wir haben das beide nicht sehr ernst genommen, bis dann ein paar Wochen später, als ich Stefan mit Reiki behandelte, die Geistige Welt mit mir Kontakt aufnahm und meinte, es wäre jetzt doch langsam an der Zeit über die uns „zugesandte" Idee nachzudenken und sie in die Tat umzusetzen.

Völlig überrascht haben wir beide dann angefangen, uns konkrete Gedanken über dieses Projekt zu machen, und nun sitzen wir hier und schreiben... und die Geistige Welt ruft uns zu: „Auf, frisch ans Werk."

Vorwort

Dieses Buch richtet sich an alle, die beginnen, sich Fragen über das Leben und den Sinn des eigenen Seins zu stellen. Aber auch Menschen, die bereits „auf dem Weg" sind, finden hier wichtige und liebevolle Antworten für das Leben. Da wir eine Reihe von Begriffe verwenden, mit denen nicht alle Leserinnen und Leser etwas anfangen können, haben wir am Ende dieses Buches einige Begriffserklärungen aufgelistet.

Manche Leser werden vielleicht wissen möchten, wie wir diese Fragen dem Universum gestellt haben und wer sie beantwortet hat. Das wollten wir am Anfang unserer Arbeit natürlich auch wissen, und haben diese Frage gleich mal dem „Universum" gestellt. Die Antwort war dann ebenso einfach wie einleuchtend: Wer gerade „Zeit" hat oder sich besonders von der Frage angesprochen fühlt, beantwortet sie. Das kann sein: unser Hohes Selbst, ein Geistführer, ein Engel oder Erzengel, ein/e Aufgestiegener Meister/in, eines unserer Seelengeschwister oder andere höhere Wesen.

Wir formulieren die Fragen gemeinsam und Rosemarie empfängt die Antworten medial. Viele Menschen können sich wahrscheinlich überhaupt nichts darunter vorstellen oder haben ein falsches Bild davon, wie so etwas „vor sich geht". Aber im Prinzip ist es ganz einfach: Die Antworten hört sie ganz klar und deutlich, so wie jeder von uns seine Gedanken hört, oder sie bekommt sie auf schriftliche Art und Weise, wie in „Die Entstehung des Buches" beschrieben. Dabei verfällt sie weder in Trance noch verdreht sie ihre Augen, auch solche Medien gibt es und sie sind geehrt, aber in der Energie des Wassermannzeitalters und einer entsprechend hohen Schwingung des Mediums ist dieses in Zukunft nicht mehr erforderlich.

Die Antworten sind dabei von so einer faszinierenden Liebesschwingung erfüllt, dass jeder Zweifel unsererseits nach der Herkunft ausgeräumt wird.

Die Fragen selbst stammten aus unserem Bekanntenkreis. Wir stellen unseren Freunden einfach die Frage: „Was würdest du gerne wissen, wenn du einem Engel eine Frage stellen könntest", und der anfänglichen Überraschung folgte meist schnell eine ganze Reihe von Fragen. Hätten wir uns alle Fragen selbst ausgedacht, wären sie sicherlich nicht mehr so authentisch und interessant für die breite Masse. Später haben wir dann die Fragen in verschiedene Blöcke eingeteilt. In vielen Sitzungen wurden diese dann der geistigen Ebene übermittelt und die Antworten wortwörtlich niedergeschrieben. Wenn es uns sinnvoll erschien oder der Klarheit des Buches diente, haben wir auch bei den Antworten manches Mal nachgefragt.

Dies war der schönste Teil der Arbeit an diesem Buch, sind die Antworten doch von so viel Liebe, Verständnis und teilweise auch Witz geprägt, dass wir oft, von Demut und Freude erfüllt, einfach nur dasaßen und von den Antworten ergriffen waren.

Fragen zum täglichen Leben

Was geschieht, wenn ich sterbe?

Wenn ihr sterbt, kehrt ihr zurück in die Einheit über einen Weg, der durch das Licht der Klärung und Läuterung führt. Das ist das, was die Christen fälschlicherweise das „Fegefeuer" nennen. Es ist das Feuer der Transformation. Ihr erkennt, was ihr in eurem Leben für Umwege gemacht habt und ob ihr dem Ziel, das ihr euch gesetzt habt, nahe gekommen seid. Außerdem erkennt ihr eure „Fehler". Diese Erkenntnis macht eure Seele manchmal traurig, weil ihr doch mit so hohen Erwartungen in dieses Leben hineingegangen seid. Aber dann kehrt ihr zurück, sozusagen zur Erholung, in die Geborgenheit und Einheit des Göttlichen, um euch zu gegebener Zeit wieder auf den Weg zu machen und neue Erfahrungen zu sammeln, euch neue Ziele zu setzen und wieder zu inkarnieren. Bei alldem müsst ihr eines wissen: Nur ihr alleine urteilt über das, was ihr erreicht habt. Das Göttliche Sein liebt euch, egal wie euer Weg verlaufen ist. Was auch immer ihr getan und erreicht habt in eurem Leben, es ist gut.

In Liebe, Hilarion

Was soll ich hier auf der Erde, was ist der Sinn und Zweck meines Daseins?

Wie schon erwähnt, sucht ihr euch eure Ziele für je-
des Leben selbst aus. Ob es Verzeihen ist oder Helfen
oder vielleicht habt ihr in eurer Seelenfamilie einmal die
Aufgabe übernommen, dem anderen zu helfen, verzei-
hen zu lernen, indem ihr dieses Mal den „Bösewicht"
spielt. Erst wenn ihr alle Erfahrungen durchlaufen habt,
– und glaubt mir, das sind Abermillionen –, dann gebt ihr
euch zufrieden und bleibt in der Einheit oder übernehmt
die helfenden Aufgaben der aufgestiegenen Seelen.
Alle Seelen, die jetzt in dieser Zeit inkarniert sind, tragen
außerdem die Aufgabe, der Erde bei ihrem energetischen
Aufstieg zu helfen. So schaffen wir für alle Wesenheiten
neue Möglichkeiten, zu wirken und in durchlichteteren Di-
mensionen Erfahrungen zu sammeln. Sie müssen nicht
mehr so sehr in der bisherigen Schwere verhaftet sein. Ihr
habt euch allesamt viel vorgenommen, aber ihr habt alle
Hilfe, die ihr braucht.

In Liebe, Hilarion

Zurzeit gibt es sehr viele verschiedene Bücher, die
sich mit unterschiedlichen Aspekten der Esoterik befas-
sen. Warum erscheinen gerade jetzt so viele Durchsagen
aus der geistigen Ebene?

Die Schleier zwischen den Dimensionen lichten sich,
mit jedem Menschen, der erwacht, wird es ein wenig lich-
ter. In diesem Licht ist es immer besser möglich, mit euch

Kontakt aufzunehmen und euch bei eurer Aufgabe zu helfen und euch unter die Arme zu greifen.

Wir alle bewundern euch in eurem Mut und eurer Tatkraft. Die Aufgabe, die ihr übernommen habt, – die Materie zu durchlichten – ist eine der schwersten, die es gibt. Ihr macht eure Arbeit sehr gut. Ihr seid alle herzlich geliebt. Missachtet nicht diejenigen, die noch nicht aufgewacht sind, denn ihr kennt ihren Anteil ihrer Aufgabe nicht.

In Liebe, Hilarion

Warum machen wir uns oft das Leben selbst so schwer?

Weil ihr nicht im Vertrauen seid zu euch selbst und zu Gott. In eurem Leben geschieht nichts, was euch nicht dienlich ist, wenn ihr dieses auch im Moment nicht überblicken könnt. Geht in das Vertrauen hinein, und aus euren Irrungen und Wirrungen wird ein gerader Weg werden. Das heißt aber nicht, dass der Weg immer einfach sein wird, nicht der einfache Weg ist der beste Weg. Erkennt euren göttlichen Funken, seid euch bewusst, dass die Geistige Welt nur darauf wartet, euch helfen zu dürfen, und vertraut. Das ist der beste Rat, den ich euch geben kann, um ein glückliches Leben zu führen. Ihr seid geliebt und geehrt.

In Liebe, Hilarion

Warum gibt es so viele Menschen, die die Welt in den schwärzesten Farben malen und immer nur das Drama suchen?

Diese Menschen sind sehr zu bedauern, denn ihre Schleier sind noch so dicht, dass sie unsere Lichtfunken nicht wahrnehmen können. Wenn ihr ihnen helfen möchtet und sie auf das Licht und die positiven Seiten des Lebens aufmerksam machen könnt, ist das wunderbar. Denn durch diese Schwarzmalerei ziehen sie die Dunkelheit an und geraten so in einen, wie ihr sagen würdet, Teufelskreis. Vielleicht könnt ihr sie zum Beten animieren, denn das reißt Löcher in den Schleier, durch die das Licht hindurchdringen kann. Wenn dies alles nichts nützt, schickt ihnen Licht und Liebe auf geistiger Ebene, und nach und nach wird es lichter um sie werden.

In Liebe und Dankbarkeit für die Arbeit, Serapis Bey

P.S. Ich unterstütze diese Lichtarbeit

Ich habe Angst vor dem Alleinsein, woher kommt das?

Liebes Menschenkind, die Angst vor dem Alleinsein ist in Unwissenheit begründet, denn wenn du weißt, dass du niemals alleine bist, ist diese Angst überflüssig. Jederzeit begleitet dich dein persönlicher Engel, deine geistige Führung steht dir für alle Fragen jederzeit zur Verfügung und Le-

gionen von Engeln warten hinter dem Schleier darauf, dass du sie rufst und sie dir helfen dürfen. Wenn du dir dieses immer vor Augen führst, wird deine Angst überflüssig werden. Du bist ein geliebtes Kind Gottes und niemals alleine!

In Liebe und Verehrung, Serapis Bey

Wieso haben wir Menschen die Neigung, positive Entdeckungen und Errungenschaften für negative Zwecke zu missbrauchen?

Ja, ihr Lieben, das liegt an der Stärke eures Egos, denn wenn das Ego über euch die Macht hat, dann neigt es dazu, diese über andere Menschen ausbauen zu wollen. Dann seid ihr ständig dabei, größer, schöner und stärker sein zu wollen. Und wie ginge das leichter, als mit allen Mitteln die anderen zu unterdrücken. Sobald ihr eurem Ego nicht mehr die Macht über euch lasst, wird sich das Blatt wenden, denn dann wisst ihr, dass ihr keine Anerkennung von außen braucht. Wenn ihr eure eigene Größe erkannt habt, könnt ihr getrost zum Wohle aller handeln und werdet auch durch alle Gutes erfahren.

So ist es, und so sei es, in Liebe, Hilarion, der Weltenlenker und -heiler

Der Mensch neigt dazu, Probleme unter den Teppich zu kehren bis es nicht mehr geht, anstatt den Problemen ins Auge zu sehen und sie zu lösen. Am Ende steht er dann vor einem riesigen Berg von Problemen und hat es noch schwerer. Woher kommt diese Verhaltensweise?

Aus Angst. Aus Angst, dass andere erkennen, wie unzulänglich er als Mensch doch ist. Außerdem möchten die Menschen oft auch die anderen nicht verletzen. Denn die meisten Menschen haben nie gelernt, über ihre Probleme zu reden, noch weniger, sie in Angriff zu nehmen und gemeinsam zu lösen. Das ist eine Aufgabe, die ihr im Neuen Zeitalter angehen müsst. Am wichtigsten ist es zu lernen, miteinander zu reden, ohne den anderen dabei anzugreifen, sondern aus eurer Sicht zu schildern, wie ihr euch in dieser Situation fühlt. Nur so kann man zwischenmenschliche Probleme lösen. Segnet die Menschen, mit denen ihr Probleme habt, und bittet um Hilfe, dann wird sie euch gegeben.

In Liebe und Hochachtung,
Mutter Maria vom Lichten Thron

Wie schaffen wir es, mehr Gemeinsamkeit in unser Zusammenleben zu bekommen? Die Menschen bekämpfen sich, anstatt sich gegenseitig zu helfen.

Indem ihr euch klar darüber werdet, dass das, was ihr aussendet, umgehend zu euch zurückkommt. Wenn ihr eure Mitmenschen bekämpft, dann kommt Kampf zu euch zurück. Wenn ihr sie liebt und ihnen helft, dann kommen Liebe und Hilfe zurück. Aber erwartet nicht, dass dieses von der gleichen Person, der ihr geholfen habt, zu euch zurückgeflossen kommt; das kann aus einer unerwarteten Richtung geschehen. Lasst euch darauf ein, versucht, nur Gutes auszusenden, und ihr werdet sehen, wie sich euer Leben wandelt. Um im Großen Veränderungen zu schaffen, muss man im Kleinen beginnen. Seid euch darüber im Klaren, um die Welt zu verändern, muss jeder bei sich selbst beginnen, damit setzt ihr eine Bewegung in Fluss, welche die Welt verändert. Ich sage nicht, dass das einfach ist, aber lasst euch darauf ein und versucht es! Ich werde jeden Einzelnen dabei unterstützen.

In Liebe und großer Vorfreude auf die Veränderungen,
Kuthumi vom goldenen Strahl, der Weltenlenker

Die Kosten für die Lebenshaltung steigen und steigen, der Staat hat keine Ideen mehr, außer Steuern zu erhöhen. Wie soll ein Normalverdiener ohne Nebenjob oder Schwarzarbeit noch über die Runden kommen? So kann das doch nicht ewig weitergehen. Wo steuert das System bloß hin?

Ihr dürft euch geistig nicht beschränken, macht euch offen für alle Möglichkeiten. Die Vorstellung, nur durch eure Arbeit bei einem Arbeitgeber Geld zu verdienen, setzt euch viel zu enge Grenzen. Es geht immer mehr in die Richtung, dass jeder Einzelne selbständig arbeitet auf dem Gebiet, das ihm am meisten liegt und weswegen er hierher gekommen ist. Sobald ihr eure Lebensaufgabe gefunden habt und auf dieser Ebene arbeitet, wird es euch auch materiell gut gehen. Es kann sein, dass in der Übergangszeit einmal eine, wie ihr es nennt, Durststrecke zu durchwandern ist, aber sobald ihr im Vertrauen seid, werdet ihr sowohl innere als auch äußere Fülle erleben. Die Fülle ist da, ihr müsst sie nur in euer Leben einlassen. Kontrolliert eure Muster und eure Prägungen auch von eurem Elternhaus her. Wenn ihr gelernt habt, dass man hart arbeiten muss, um sein täglich Brot zu verdienen, und ihr glaubt daran, dann wird es so ein: „Denn euch geschieht nach eurem Glauben".

Überprüft alle eure Glaubenssätze und ersetzt sie durch positive Affirmationen wie zum Beispiel: „Mir fließt jederzeit mühelos die Fülle zu." „Ich tue meine Arbeit mit Liebe, und sie bringt mir Wohlstand und Fülle".

Jeder soll sich eine für sich passende Affirmation oder Programmierung ausdenken und diese dann wie ein Mantra immer und immer wieder denken und auch aussprechen, und ihr werdet Wunder erleben.

In Liebe und Zuversicht, dass ihr auf allen Ebenen erfolgreich seid, euer Aufgestiegener Meister Kuthumi

Wie ist es zu erreichen, dass der Einzelne mehr Eigen-verantwortung übernimmt und nicht die Schuld für seine Probleme bei anderen sucht oder diesen zuweist?

Durch die Erkenntnis der Wahrheit. Die Wahrheit ist, dass ihr für euer Leben und für alles, was euch darin an Erfahrungen begegnet, selbst verantwortlich seid. Alle Probleme sind dafür da, gelöst zu werden, daran zu lernen und zu wachsen, eurer wahren Lebensaufgabe dadurch näherzukommen und auf dem rechten Weg zu wandeln. Das heißt nicht, dass Menschen, die schon auf ihrem Weg sind, keine Probleme mehr zu lösen hätten, aber sobald man sie als das annimmt, was sie wirklich sind, nämlich Lernchancen, kann man sie ohne Verbitterung, vielleicht sogar mit Dankbarkeit, anpacken und lösen. Hilfe dazu steht euch jederzeit zur Verfügung. Bittet nur darum, und sie wird euch zuteil werden. Kopf hoch, nehmt alles nicht so bitter ernst, sondern erkennt: Das Leben ist ein Spiel, und ihr alle seid die Gewinner.

In Liebe und Anerkennung Ephestos, der Lenker der Amethystenergie auf Erden (Wandlung und Erneuerung)

In den Institutionen aller Art herrschen starre Struktu-ren, die nicht mehr zeitgemäß sind. Wie können wir das durchbrechen und moderne Arbeitsweisen schaffen?

Indem ihr neue erschafft. Tut es, es werden noch einige Jahre hindurch alte und neue Strukturen nebeneinander bestehen, aber ihr erkennt doch jetzt schon, dass ein Wandel angesagt ist. Wer soll ihn herbeiführen wenn nicht ihr Menschen? Lasst euch ein auf unsere Hilfe auf geistiger Ebene, und die Eingebungen und „Geistesblitze" werden euch auf die richtigen Bahnen führen. Immer mehr Menschen werden selbständig arbeiten auf ihrem ganz speziellen Wissensgebiet, aber in Liebe mit anderen Menschen sein und in Anerkennung dessen, was die anderen Individuen tun. Jeder Einzelne wird dadurch ebenso zum Wohle aller beitragen. Seid geduldig, aber geht euren Weg zielstrebig Schritt für Schritt in das neue glückliche Zeitalter voller Licht und Liebe.

Mit Freude und Dankbarkeit für eure Arbeit, Kuthumi

Warum gibt es so viel Armut auf dieser Welt?

Meine lieben Freunde, es gibt so viel Armut auf der Welt, weil viele Menschen sich diesen Weg gewählt haben. Durch Armut und Hunger wird im Laufe eines Lebens (auch wenn es kurz sein mag) sehr viel Karma abgetragen. Das soll jetzt aber nicht heißen, dass ihr armen, hungernden Menschen nicht helfen sollt, denn das ist dann wieder die Aufgabe derer, die im Wohlstand leben, wie die meisten von euch: „Zu teilen und zu helfen!" Auch auf geistiger Ebene könnt ihr etwas für alle armen Menschen tun: Vi-

sualisiert glückliche, strahlende, gesunde Menschen aller Hautfarben und stellt euch vor, wie sie in Wohlstand, Gesundheit und Frieden miteinander leben. Am besten täglich fünf Minuten, das wirkt Wunder. Je mehr Menschen dies tun, um so besser. Außerdem legt die Vorstellung ab, dass die Welt ein Jammertal ist, und macht sie zum Paradies.

In Liebe, Mutter Maria

Warum geschehen zurzeit (2004-2006) so viele Naturkatastrophen mit vielen Toten?

Es ist die Zeit der Wandlung und der Reinigung. Um in die höhere Schwingungsebene aufsteigen zu können muss sich die Erde einem Reinigungsprozess unterwerfen. Dieser kann durch Wasser, Feuer, Luft und Erde stattfinden (Fluten, Feuerbrünste, Stürme und Erdbeben). Je mehr Menschen die Erde bei ihrem Aufstieg unterstützen, desto sanfter fallen die Naturkatastrophen aus. Deshalb wäre es schön, wenn ihr in eure tägliche Visualisierung auch Mutter Erde mit einschließt. Seht sie strahlend und heil, alle Wunden (auch die, die ihr Menschen ihr geschlagen habt) schließen sich, und sie ist mit allen Wesenheiten, die auf ihr wirken und leben, bereit zum Aufstieg in die höhere Schwingung.
Übrigens haben die Menschen, die bei den Naturkatastrophen ums Leben kommen, das vorher in ihrem Le-

bensplan so vorgesehen. Manche brauchen nur noch eine mehr oder weniger kurze Lebensspanne, um ihr Restkarma aufzulösen und für den Aufstieg bereit zu sein. Für alle Seelen ist es eine große Ehre, und sei es auch nur für kurze Zeit, auf der Erde gedient zu haben und an der Vorbereitung zum Aufstieg beteiligt gewesen zu sein.

In Liebe, Hilarion

Warum geschieht das alles, warum passiert mir das?

Es geschieht alles auf deinen Wunsch hin. Erfahrungen auf anderen Ebenen und in anderen Dimensionen zu sammeln, ist wie Urlaub, wo ihr euch auf den Weg macht, um Neues zu sehen und neue Erfahrungen zu sammeln, Abenteuer zu erleben und gestärkt wieder zurückzukehren, nur auf anderen Ebenen.

Ihr begebt euch in diese Dimensionen, um die Erfahrungen der Liebe, der Schuld, des Verzeihens, des Ärgers, der Freude und noch viele andere mehr zu machen. Eine Seele freut sich über alle diese Erfahrungen und geht dann gerne wieder in die Geborgenheit der Einheit und in das große Licht zurück. Erst wenn ihr erkennt, dass diese ganzen Gefühle und Erfahrungen bereits ein Teil von euch sind und ihr alles bis zur Vollkommenheit geführt habt, bleibt ihr im Licht. Dann kommt ihr nur noch auf die Erde oder einen anderen Planeten, um anderen zu helfen, durch die gleichen Erfahrungen zu gehen. Sozusagen seid ihr der Reiseleiter, der dann aber auch nur auf ausdrücklichen Wunsch des Reisenden handeln und helfen darf.

Wir alle sind Brüder und Schwestern auf der allerhöchsten geistigen Ebene. Sorgt euch nicht, sondern erschafft euch ein Leben in Wohlstand und Fülle. Ihr seid dazu in der Lage. Visualisiert und denkt euch reich, probiert es aus, sperrt alle negativen Gedanken aus eurem Dasein aus und geht voller Liebe und Zuversicht durch die Welt. Ihr werdet den Erfolg am eigenen Leibe erfahren. Übt euch im Visualisieren und positiven Denken, das ist mit das Wichtigste, was ihr im Leben braucht. Außerdem tragt Liebe und Licht in die Welt und lasst andere teilhaben an euren Einsichten und Erfolgen. Das ist ganz wichtig für das Wohl aller Wesen hier und auf anderen Planeten. Lasst eure Liebe durch alle Universen strahlen, damit alle an eurem Aufstieg aus dem Dunkel zum Licht teilhaben können.

So ist es, und so sei es,
Haniel, der Engel der Weisheit

Ab wann wird es für die gutmütigen Menschen leichter auf diesen Planeten, und was können wir dafür tun?

Die gutmütigen Menschen sind schon immer das Licht im Dunkel der Materie gewesen. Sie wollten nie, dass es leicht ist. Aber jetzt wird es von Lichtfunke zu Lichtfunke heller, lichter und leichter. Je mehr Menschen erwachen, desto mehr Menschen erkennen, dass sie das, was sie säen, auch ernten. Daraus ergibt sich von ganz alleine, dass immer mehr Menschen Gutes ausstrahlen (Lichtfunken). Diese Strahlung potenziert sich, und mit jedem „gutmütigen" Menschen steigt die Leuchtkraft, bis bald das Dunkel verschwindet. Freut euch, bald ist es vollbracht.

Was ihr tun könnt: Leuchtet und tragt das Licht in die Welt. Schon bald kann ihm keiner mehr widerstehen und schließt sich euch an.

So ist es, und so sei es,
Haniel, der Engel der Weisheit

Was passiert, wenn jemand Selbstmord begeht?

Ihr habt einen freien Willen und könnt eure Reise jederzeit abbrechen und in die Einheit zurückkehren. Wenn ihr dieses Mal nicht mehr bereit seid, die Erfahrungen, die ihr euch vorgenommen habt, zu machen, dann vielleicht ein anderes Mal. Ihr seid nicht hier, um zu lernen, weil ihr schon perfekt seid, ihr seid vollkommen. Die Erfahrungen, die ihr sammelt, machen eure Seelen reicher.

Ein Engel begleitet dich durch dein Leben,
vom allerhöchsten Geist ist er dir gegeben
dich zu führen, dir zu helfen, wenn du es erlaubst
und durch deine Ignoranz nicht die Möglichkeit raubst.

Nimm sie an die Hilfe von allerhöchster Stelle,
denn sie ist eine wundervolle Kraftquelle.
Die Quelle des Wissens und die Quelle der Liebe,
lass sie ein in dein Leben und alles wird Licht.
Verzweifele nicht...

Aber ist es nicht Verschwendung, ein Leben abzubrechen?

Oh ja, es ist sehr schade, wenn ihr Menschen euch dafür entscheidet, vorzeitig eure Reise abzubrechen. Aber für die Geistige Welt ist das kein so großes Drama wie ihr das seht. Es war halt ein Fehlversuch, der wiederholt werden muss. Was man seinem Umfeld dabei an Schmerzen antut, steht auf einem anderen Blatt, denn das zieht wieder neues Karma für eine Seele nach sich. Auf der anderen Seite gibt es aber auch den Menschen, die Abschied nehmen müssen, die Möglichkeit, loslassen zu lernen.
Also euer kluges Wort: „Nichts ist so schlecht, dass es nicht für etwas gut ist!", birgt sehr viel Wahrheit in sich. Am liebsten sehen wir, wenn ihr euer Leben und eure Aufgaben genießt und mit Freude lebt. Seht es als große Ehre an, hier auf diesem Planeten mitarbeiten zu dürfen, und

macht aus dem Leben keinen Kampf, sondern ein Spiel.

So sei es, Hilarion

Warum halten sich so viele einsame Menschen ein Haustier? Sie könnten doch die Gesellschaft von anderen Menschen suchen?

Beides wäre wunderbar, denn ein Haustier zu halten ist etwas sehr Schönes, es lehrt uns, Verantwortung zu tragen und Rücksicht zu nehmen auf andere Wesen. Warum so viele einsame Menschen nicht mehr unter Menschen gehen, rührt daher, dass sie von Menschen schon häufig verletzt wurden. Die Angst davor, wieder verletzt zu werden, ist so groß, dass sie sich lieber auf die Gesellschaft eines Tieres beschränken. Tiere haben die große Gabe, bedingungslos zu lieben (Was den Menschen leider noch so schwer fällt). Deshalb ist es für Menschen einfacher, ihre ganze Liebe einem Tier zu schenken, da können sie sicher sein, dass sie nicht enttäuscht werden.

In Liebe, Hilarion

Werde ich im Moment des Todes abgeholt? Wenn ja, von wem?

Ja, liebe Freunde, keine Angst, im Moment des Todes ist keiner alleine. Ihr werdet abgeholt von allen lieben Seelen, die euch vorausgegangen sind. Alle Mitglieder eurer Seelenfamilie, die zu dieser Zeit in der geistigen Welt weilen, kommen, um euch freudig in Empfang zu nehmen und eure abgeschlossene Inkarnation mit euch zu feiern. Es ist für die Geistige Welt immer ein großes Fest, wenn eine Seele von ihrer Erdenreise nach Hause kommt. Euer Engel, der euch durch das Leben begleitet hat, ist natürlich bei eurer „Seelengeburt" auch mit dabei, und ganze Engelchöre jubilieren zu eurem Empfang. Es ist eine große Freude, euch wieder in der Einheit zu empfangen. Gottes Segen ist alle Zeit bei euch, so auch in der Stunde eures Todes.

In großer Liebe, euer Erzengel Michael

Solvei Gehring

Fragen von Kindern, und Antworten für Kinder

Wie kamen die Tiere auf die Erde? Wie ist die Welt entstanden?
Warum hat Gott die Menschen erschaffen? Wie ist das Weltall entstanden?

Das ist eine sehr lange Geschichte. Es war einmal vor langer Zeit ein wundervolles lichtes Wesen, aber es war ganz alleine. Wie ihr euch das alle sicher denken könnt, fand das Wesen es sterbenslangweilig, so ganz alleine zu sein. Also begann es zuerst nachzudenken, was es gegen seine Einsamkeit tun könnte. So spielte es mit verschiedenen Möglichkeiten, bis es auf die Idee kam, viele runde Bälle zu erschaffen und sie ins Universum zu streuen. Manche größer, manche kleiner, viele strahlend hell wie die Sonne, andere so wundervoll wie die Erde und andere kleiner, so wie der Mond. Das Wesen hatte eine wundervolle Gabe: Es konnte alles, was es sich ausgedacht hatte, entstehen lassen, indem es seine Gedanken aussprach (ihr kennt sicher den Anfang der biblischen Geschichte, wo geschrieben steht: „Am Anfang war das Wort"). Nun vergnügte sich das Wesen eine Zeit lang damit, alle diese Planeten, Sterne und Monde zu besichtigen und zu verändern, so, wie es Gefallen daran fand. Aber mit der Zeit war auch das langweilig, so dass das Wesen sich erneut etwas überlegen musste. Da hatte es die Idee, etwas Lebendiges, so wie es selbst war, zu schaffen. Also schickte

es erneut sein Wort auf den Weg, und auf manchen Plane-
ten entstand Leben, zuerst die Pflanzen, danach die Tiere
und dann die Menschen. Allen diesen Lebewesen schenk-
te es einen Funken seines Lichtes, damit sie sich auf ihren
Reisen auch wohl fühlen konnten und sich nicht alleine
fühlten. Auf vielen Planeten begann danach das Wachsen
und das Wirken, und unser lichtes göttliches Wesen muss-
te sich nie wieder langweilen. Wenn ein Lebewesen, ob
Pflanze, Tier oder Mensch, auf der Erde oder auch sonst
irgendwo im Universum starb, kam der Lichtfunke zurück
und erzählte alle seine Erfahrungen unserem liebevollen
Wesen und kehrte in sein Licht zurück. Aber jeder Licht-
funke durfte, wenn er wollte auch wieder auf die Reise
gehen, um neue Erfahrungen zu sammeln.

ICH BIN Manuel, der Engel der Erkenntnis

Wie lange lebt Gott?

Gott lebt ewig. Er war schon immer da, und er wird
auch immer da sein. Ich weiß, dass dies sehr schwer zu
begreifen ist, aber um den Begriff Ewigkeit zu erklären, hat
ein weiser Mensch einmal eine Geschichte erzählt, die ich
hier wiedergeben möchte:
In einem fernen Land steht ein riesig hoher Berg, so
hoch, wie man es sich kaum vorstellen kann. Alle hundert
Jahre kommt ein Vögelchen auf diesen Berg geflogen, um
sein Schnäbelchen an ihm zu wetzen. Wenn dieser Berg

durch das Wetzen des Schnäbelchens ganz klein geworden und verschwunden ist, dann ist eine Sekunde der
Ewigkeit vergangen.

Viel Liebe, vor allem für euch Kinder, die ihr die Wegweiser für eure Eltern seid!

In Liebe, Emanuel, der Beschützer der Kinder

Wie sieht es im Himmel aus?

*Oh, im Himmel ist es wunderschön. Es gibt dort die
allerschönsten Wiesen und Berge und Täler und Seen,
die ihr euch nur vorstellen könnt. Und auch ein strahlend
helles Licht, das immer für euch leuchtet und so viel Liebe
ausstrahlt, dass jeder sich so geborgen und aufgehoben
fühlt wie sonst nirgendwo. Im Himmel ist man immer geliebt und aufgehoben (auf der Erde übrigens auch, das
merkt ihr nur ganz oft nicht). Man hat dort gar nicht den
Wunsch, sich mit anderen Menschen zu messen, weil
man genau weiß, jeder ist gleich angesehen und geliebt.
Es gibt kein Besser oder Schlechter, Schöner oder Weniger schön. Alle fühlen, dass sie etwas ganz Besonderes
sind und doch alle eins. Der Himmel ist ein weites Land
der ungeahnten Möglichkeiten und, was ganz wichtig ist!,
es gibt keine Hölle, niemals. Gott ist euer Vater und liebt
euch, egal was ihr tut. Er braucht keine Hölle.*

In Liebe, Emanuel, der Beschützer der Kinder

Warum fügt ein Mensch dem anderen Menschen Schaden zu?

Weil die Menschen sich von ihrem Ego leiten lassen. Das ist ein Teil von euch, der glaubt, immer besser sein zu müssen als andere, immer mehr Macht haben zu müssen. Sie erkennen nicht, dass das, was sie einem anderen Böses tun, wieder zu ihnen zurückkommt. Alles, was ihr jemals tut, denkt oder sagt, kommt wieder zurück zu euch und hat Auswirkungen auf euch. Das Schlechte hat schlechte Folgen, und das Gute wirkt sich positiv für euch aus. Geht und erzählt es allen, denn je mehr Menschen dies wissen, können auch danach handeln.

In Liebe, Emanuel, der Beschützer der Kinder

Warum lügen so viele Leute?

Menschen lügen aus Angst. Aus Angst, ausgelacht, bestraft oder gedemütigt zu werden. Aus Angst, in den Augen anderer als Verlierer dazustehen. Sagt ihnen die Wahrheit, ihr alle seid Gewinner, ihr alle seid wunderbar und braucht euch nicht zu verstellen, weil so, wie ihr seid, seid ihr perfekt.

In Liebe, Emanuel, der Beschützer der Kinder

Warum sind so viele Leute süchtig?

Alle Menschen sind süchtig nach Liebe. Weil sie aus der großen Einheit der Liebe hervorgekommen sind und diese jetzt vermissen, denn sie erkennen nicht, dass diese Liebe immer für euch da ist. Hier auf der Erde fühlen sie sich oft alleine, ungeliebt und verlassen und suchen nach etwas, das ihnen das schöne Gefühl des Geliebtseins ersetzt, und geraten so oft in eine Sucht nach Dingen, die den Geist nur benebeln und sie von ihrem wahren Weg abbringen. Das ist sehr schade, weil sie so oft sehr viele Umwege auf sich nehmen und es recht schwer haben, ihr Lebensziel zu erreichen.

In Liebe, Emanuel, der Beschützer der Kinder

Wodurch entsteht die Angst?

Angst entsteht dann, wenn ihr glaubt, euch könnte etwas geschehen, was ihr nicht möchtet, was euch weh tut oder seelisch verletzt, oder einfach nur die Angst vor einer Arbeit in der Schule, wo ihr zeigen müsst, wie „gut" ihr seid. Angst entsteht auch, wenn ihr euch nicht bewusst seid, dass ihr nie alleine seid. Warum bittet ihr eure Engel nicht um Hilfe? Sie würden euch oft so gerne beistehen und dürfen nicht eingreifen, weil ihr sie nicht dazu auffordert. Denkt immer daran: „Bittet, so wird euch geholfen".

Vor einer Arbeit zu lernen, darauf könnt ihr allerdings nicht verzichten, das wäre dann doch etwas zu viel. Eure Arbeit müsst ihr schon selbst tun.

In Liebe, Emanuel, der Beschützer der Kinder

Warum habe ich Angst vor Tieren?

Du hast Angst vor Tieren, weil du früher einmal schlechte Erfahrungen mit ihnen gemacht hast. Jetzt kannst du die Angst getrost ablegen. Versuche, dich geistig mit dem Tier in Verbindung zu setzen (bedenke, wahrscheinlich hat das Tier vor dir genau solche Angst). Sende ihm Liebe und Verständnis, segne es und warte ab. Dadurch wird sich einiges in deinem Verhalten zu Tieren ändern.

In Liebe, Emanuel, der Beschützer der Kinder

Warum führen Menschen Krieg? Warum schicken Männer Kinder in den Krieg?

Menschen führen Krieg, weil sie Macht lieben und von sich selbst ablenken wollen: Von ihrem Unvermögen (wie sie glauben), zum Beispiel einen Staat erfolgreich zu führen, aber auch aus Angst, dass die anderen stärker sein könnten als man selbst. Manchmal wird ein Krieg auch aus Rache geführt. Einen Krieg kann niemand gewinnen, denn im Krieg verlieren viele Menschen ihr Leben. Nun hört es sich vielleicht ganz schlimm für euch an, aber auch die Kriege habt ihr von höherer Warte aus geplant, denn ein Krieg oder eine Naturkatastrophe bietet vielen Seelen die Möglichkeit, auf schnellem Weg ihr Karma aufzulösen und die Seele aus alten Verstrickungen zu befreien.

Erklärung des Wortes Karma:
Karma ist das Ergebnis aus vielen früheren Leben, an die ihr euch meistens nicht mehr erinnert. Wenn ihr damals „böse" zu jemandem wart, dann habt ihr euch für dieses Leben vorgenommen, diese Schuld abzuarbeiten, zum Beispiel, indem ihr ertragt, dass jetzt jemand zu euch böse ist. In diesem jetzigen Leben kann man sich auch Karma aufladen, aber es löst sich viel schneller auf als früher. Das habe ich erklärt in dem Abschnitt, in dem es um Gedanken, Worte und Werke geht (Warum fügt ein Mensch einem anderen Schaden zu). Denkt daran: Was ihr aussendet, kommt zu euch zurück!

In Liebe, Emanuel, der Beschützer der Kinder

Wann gibt es endlich Frieden auf der Welt?

Bald haben eure fleißigen Seelen alle ihr Karma aufgelöst, und es beginnt eine licht- und liebevolle Zeit auf der Erde. Je mehr jeder Einzelne an sich selbst arbeitet (zum Beispiel seine Geschwister liebt, obwohl sie einen manch-

mal ärgern), um so schneller kann sich Frieden über die Welt ausbreiten.

In Liebe, Emanuel, der Beschützer der Kinder

Als ich noch klein war, konnte ich fliegen, irgendwann habe ich es verlernt. Wann kann ich wieder fliegen?

Ja, liebes Kind, als du noch klein warst, hattest du noch die Verbindung zu unserer Seite, der anderen Seite des Regenbogens, ohne über die Brücke des Lichts zu gehen. In dieser Zeit können alle Kinder noch fliegen oder sich mit ihren Engeln oder auch mit Tieren unterhalten und ihre Engel, Elfen und Zwerge sehen. Wenn ihr dann älter werdet, senken sich die Schleier über euch und ihr verlernt die Fähigkeiten, die ihr vorher hattet. Diese Schleier sind ein Schutz für euch und ein Rätsel zugleich. Ihr selbst habt euch das ausgesucht, denn wenn ihr immer mit eurem Hohen Selbst in Kontakt bleiben würdet, wäre es ein Leichtes, eurem Lebensweg zu folgen. Ihr wolltet es aber schaffen, diesen Weg ohne Hilfe zu gehen, und bis zu dem Zeitpunkt, an dem ihr erwacht und um Hilfe bittet, darf keiner eingreifen.

Wenn ihr uns bittet, dürfen wir euch helfen, aber das Fliegen müsst ihr neu erlernen, und das bedeutet Arbeit für euch. Nur mit viel Übung gelingt es euch dann, Reisen außerhalb eures Körpers zu unternehmen.

Bitte deinen geistigen Helfer um Hilfe und achte auf deine Träume, dann wird es dir irgendwann wieder gelingen.

In Liebe, Emanuel, der Beschützer der Kinder

Ihr sollt nicht Wunder tun und dabei
unfreundlich sein;
da ist es mir lieber,
ihr macht Fehler und seid dabei fröhlich

(Mutter Teresa)

Fragen zu Kindheit und Familie

Warum hatte ich bloß diese Eltern? Ich habe immer das Gefühl, ich gehöre hier nicht hin.

Oh doch, du stehst genau an dem von dir ausgesuchten Ort, vor den von dir ausgesuchten Aufgaben. Liebe und ehre deine Eltern, denn sie helfen dir, deinen Lebensweg zu finden. Fange erst damit an, dich selbst zu lieben, und schaue dann deine Eltern an und überlege dir, was sich durch ihr „Sosein" in dir entwickelt hat. Was es in dir berührt, wenn sie „so sind" (vielleicht sind sie das nur, damit du auf deinen Weg kommst), und ehre sie.

In Liebe, Serapis Bey

Mit meinen Geschwistern habe ich mich nie verstanden, immer gab und gibt es Streit wegen der gleichen Themen. Gerne würde ich harmonischer mit ihnen leben. Was kann ich tun?

Mein lieber Freund, meine liebe Freundin, deine Geschwister stellen dir Aufgaben, die du lösen sollst, und sei es nur die, dich in Geduld zu üben. Lasse deinen Geschwistern ihre Meinung, versuche nicht, sie von deinem Weg zu überzeugen, denn sie haben ihren eigenen Weg. Bedenke, jeder Mensch steht an der für ihn richtigen Stelle. Bringe du die Harmonie in eure Beziehung und streite

dich nicht mit ihnen. Gehe unbeirrt deinen Weg und lasse
sie den ihren gehen.

Dies sagt dir in Liebe, Hilarion,
Bewahrer des grünen Strahls der Heilung
(auch Heilung von Beziehungen)

Ich habe drei Kinder, und manchmal habe ich das Gefühl, alles falsch zu machen. Ständig ist zu wenig Zeit für
sie, und oft haben wir Streit. Was kann ich bloß tun, um
mehr Harmonie in die Familie zu bringen?

Übe Geduld mit deinen Kindern und erkenne, dass
auch sie dir Aufgaben stellen, für die du Lösungen fin-
den kannst. Pflege Rituale mit deinen Kindern, denn die-
se Sachen prägen und bleiben deinen Kindern für immer
ein Schatz. Das lässt sich in deinen Alltag einbauen, wir
schaffen dir die Zeit dafür. Ruhe du in deiner Mitte, und um
dich herum wird sich Harmonie ausbreiten. Du musst nur
an dir selbst arbeiten, und du wirst sehen, wie sich damit
alles um dich herum verändert.

In Liebe, Hilarion

Ist es von Bedeutung, was für einen Namen Eltern ihrem Kind geben?

Oh ja, es ist von großer Bedeutung, welchen Namen ein Kind trägt. Denn in seinem Namen zeigen sich oft schon seine Aufgaben in dieser Inkarnation. Deshalb sollte man bei der Namensgebung seine innere Stimme zu Worte kommen und sich auch von der Seele des Kindes führen lassen. So fallen euch meist die richtigen Namen zu (Zu-Fall).

Wenn das Kind den falschen Namen erhalten hat, fällt es ihm meist anfänglich ein wenig schwerer, seine jetzige Bestimmung zu finden und seiner Berufung zu folgen.

Eines unserer Kinder gleicht meinem Partner, das andere Kind kommt nach mir. Ist das Aussehen meiner Kinder Zufall, oder folgt es einem höheren Sinn?

Das Aussehen deiner Kinder ist keineswegs Zufall. Es gibt keine Zufälle! Die Kinder haben sich dieses Aussehen selbst ausgesucht, um euch so noch besser eure Eigenarten spiegeln und euch somit Hilfe in eurer Entwicklung sein zu können. Nehmt diese Hilfe dankbar an, achtet auf dieses Spiegeln und lernt daran. Das ist der Sinn, nicht nur des Handelns, sondern auch des Aussehens.

In Liebe, Hilarion

Meine Tochter ist gerade in der Pubertät. Wir wissen an manchen Tagen gar nicht mehr, wie wir an sie herankommen sollen. Alle Versuche einer normalen Kommunikation werden von ihr abgeblockt, am liebsten schließt sie sich in ihrem Zimmer ein. Ich mache mir wirklich Sorgen.

Du musst dir keine Sorgen machen, das ist eine ganz normale, menschliche Entwicklungsphase. Bedränge sie nicht, aber gib ihr das Gefühl, da zu sein, wenn sie dich braucht. Habe Geduld mit ihr, weil sie im Moment überhaupt nicht weiß, wie ihr geschieht. Nicht mehr Kind und noch nicht Frau, sitzt sie zwischen allen Stühlen und fühlt sich sehr unwohl dabei. Vielleicht kannst du ihr anbieten, einmal die Woche nur etwas mit ihr zu tun, wenn auch nur für eine Stunde. Das stärkt das Selbstbewusstsein. (Bachblüten können helfen, schneller über diese Hürden hinwegzukommen)

In Liebe, Hilarion

Meine Kinder treiben mich an manchen Tagen fast in den Wahnsinn. Es fällt mir dann schwer, die Fassung zu bewahren. Zudem scheinen Verbote und Kritik an ihnen abzuprallen. Wie soll ich diese Kinder erziehen, wie ihnen Grenzen aufzeigen?

Oh, mein Lieber, aufzeigen kannst du die Grenzen schon, aber die Kinder der Neuen Zeit sind dafür da, über

eure üblichen Grenzen hinauszuwachsen und euch zu er-
ziehen. Geh mit Gelassenheit damit um und greife nur ein,
wenn ihr Handeln für sie wirklich gefährlich wird. Aber übe
auch Vertrauen in deine Kinder und in die höheren Mäch-
te, die euch begleiten. Siehe, ihr seid beschützt, jede Se-
kunde eures Lebens. Lerne an deinen Kindern und wach-
se. Sei ihnen dankbar für jede Aufgabe, die sie dir stellen,
und vertraue.

In Liebe, Hilarion

Meine Schwester / mein Bruder ist süchtig. Ich würde
ihr / ihm gerne helfen, weiß aber nicht wie.

Führe Gespräche mit deinem Bruder oder deiner
Schwester, zeige ihnen auf, dass sie auf dem falschen
Weg sind oder schicke sie zu einem Helfer eures Ver-
trauens. Aber mache ihnen deutlich, dass sie ohne ihre
Einsicht nicht weiterkommen und vieles in diesem Leben
dann umsonst war und eine neue Runde durch die Schule
des Lebens notwendig wird. Oft sind es die ganz sensib-
len Menschen, die der Sucht verfallen. Vor den Problemen
wegzulaufen ist aber nicht die Lösung, denn sie können
schneller rennen und stehen dann doch wieder vor euch.
Besser ist es, um Hilfe zu bitten und die Probleme anzu-
packen. Betet auch für sie und bittet ihre geistige Führung
und ihre Engel um Mithilfe, denn auch diese sind traurig,
wenn jemand seinen Lebensplan nicht mehr erkennt.

Gebet

Vater-Mutter-Gott, hilf mir, dieses dein Kind
wieder auf seinen rechten Lebensweg zu führen,
ihm beizustehen, es zu unterstützen
und ihm bei seinen Schwierigkeiten zu helfen,
auf dass es seiner Bestimmung folgend
voll Vertrauen auf dich und deine Helfer
den rechten Lebensweg wählt
und so seine Bestimmung erfüllt.
Schenke ihm/ihr die Kraft,
von der Sucht loszukommen
und glücklich zu sein.

So sei es und so ist es.
In Liebe, Serapis Bey

Ich bin geschieden, möchte aber trotzdem ein Vermittler sein zwischen dem Vater und meinen Kindern, um zwischen ihnen eine Gemeinschaft aufzubauen. Die Probleme mit dem Vater sind sehr groß, wie kann mir das gelingen?

Es ist sehr schön, wenn eine Gemeinschaft zwischen den Kindern und dem Vater entstehen kann, aber ich glaube, du solltest erst einmal an dich denken und dein Herzchakra heilen, denn du bist zu sehr verletzt, um im Moment als Vermittlerin agieren zu können. Auch musst du dem Vater der Kinder seinen freien Willen lassen, vielleicht ist es auch für ihn sehr schmerzlich, im Moment den Kontakt zu halten. Du kennst noch nicht den Grund, warum ihr den Weg der Trennung gewählt habt. Gib die große Last des „Tunmüssens" ab an dein Höheres Selbst, es wird dir den Weg aus der Verbitterung und Erkenntnis und Heilung weisen, und das gilt auch für deine Kinder und ihren Vater. Vertraue und lasse los! Gehe voller Vertrauen in die ZUKUNFT, denn du hast dir noch viel Schönes vorgenommen. Wenn deine Wunden verheilt sind, wirst du den Sinn dieser Trennung erkennen und sehen, dass du deiner Bestimmung dadurch viel schneller näherkommst. Bitte auch Mutter Maria darum, dir zu helfen, die Wunden deines Herzens zu heilen. Sei in Frieden mit dir und deinen Lieben und versuche, den Sinn des Geschehenen zu erkennen.

In Liebe und tiefer Ehrung deiner Aufgaben,
deine geistige Führung Hilarion und Erzengel Raphael

Wann geben die Menschen endlich Gemeinschaften auf, in denen sie verletzt oder misshandelt werden und sich selbst verleugnen?

Die ganzen letzten Jahrhunderte haben die Menschen diese Gemeinschaften gebraucht, um ihr Karma aufzulösen. Erst jetzt in dieser Zeit, wo ihr langsam erwacht und um das neutrale Implantat bitten könnt (das heißt, die Auf-

lösung eures Karmas), werden diese Lebensumstände unnötig und ihr könnt tätig werden und euch von solchen menschlichen Verwirrungen befreien. Nun ist es so weit, euch selbst in eurer Göttlichkeit zu erkennen und mit Hilfe der Geistigen Welt euren Weg zu gehen, – immer zum Wohle aller, das ist sehr wichtig, und nicht „koste es, was es wolle" aus alten Beziehungen auszubrechen, sondern um Führung zu bitten und so zum Wohle aller Beteiligten zu friedvollen und für alle wunderbaren Lösungen geführt zu werden.

In Liebe, Hilarion

Wann werden die Menschen verstehen, dass sie Liebe nur geben und empfangen können, wenn sie sich selbst lieben?

Wie lange Zeit hat man euch gelehrt, euch selbst zum Wohle anderer zu vernachlässigen? Das lässt sich leider nicht von heute auf morgen ändern. Aber je mehr Menschen erwachen, desto mehr erkennen auch sie die Wahrheit.
Liebe dich selbst, erst dann bist du in der Lage, deinen Nächsten wahrhaft zu lieben.

In Liebe, Hilarion

Wie lernen wir es, uns nicht länger selbst zu schaden, zu verbiegen und zu verleugnen, aus Angst vor dem Alleinsein?

Das ist ganz einfach, indem ihr erkennt, dass ihr niemals alleine seid. Ihr seid immer umgeben von geistigen Helfern und euren Engeln. Habt keine Angst, ihr seid gehalten und geführt, wenn ihr es zulasst. Lebt im Vertrauen auf die Geistige Welt, und eure Ängste und Probleme werden sich wie durch Zauberei auflösen.

So sei es, und so ist es,
Camael, der Engel des Vertrauens

Ich fühle mich immer mehr zu meinem Geschlecht hingezogen, obwohl ich verheiratet bin und Kinder habe. Wie kann das passieren? Bin ich ein Fehlgriff der Natur?

Lieber Mensch, du bist kein Fehlgriff der Natur. Öffne dich dem Leben, tritt einen Schritt zurück aus allen deinen sogenannten Verpflichtungen und sieh dir all die Grenzen an, die du dir selbst gesetzt hast. Erlaube dir ein wenig mehr Freiheit. Schau dir an, was du mit deinem weiblichen (oder männlichen) Anteil in deinem Leben gemacht hast und beginne, ihn zu integrieren. Es ist möglich, dass sich schon dadurch dein Verlangen nach Kontakt zu deinem eigenen Geschlecht verringert. Es ist aber auch möglich, dass eine Veränderung in deinem Leben ansteht, die durch dieses, dein Verlangen ausgelöst wird. Bitte um göttliche Führung, und der für dich richtige Weg wird klar vor dir erscheinen. Keine Sorge, Homosexuelle sind kein Fehlgriff der Natur. Auch sie haben sich diese Lebenserfahrung mit all ihrer Ablehnung durch andere Menschen und allen Schwierigkeiten, die sich dadurch ergeben, selbst gewählt. Es ist ein harter Weg, aber auch hier macht die Seele sehr wichtige Erfahrungen. Wie wir schon oft sagten, ist der einfachste Weg nicht immer der beste. Wir lieben dich, egal für welchen Weg du dich entscheidest, die Geistige Welt unterstützt dich.

In Liebe, die Weiße Bruderschaft

Halt an, wo läufst du hin?
Der Himmel ist in dir.
Suchst du Gott anderswo,
du fehlst ihn für und für.

(Angelus Silesius)

Fragen zu den Religionen

Warum glauben so viele Menschen immer noch an einen strafenden Gott?

Ihr lieben Menschen, was man über Jahrhunderte gelernt hat, kann man nicht einfach so über Bord werfen. Obwohl ihr alle in eurer tiefsten Seele wisst, dass der Einzige, der euch straft, ihr selbst seid. Gott urteilt und straft niemals!

Nehmt euch das Gleichnis vom barmherzigen Vater in der Bibel und seht darin nur einen Hauch von der Liebe, die Gott für euch empfindet. Ihr alle seid so in die Liebe Gottes eingehüllt, dass ihr sie NIEMALS verlieren könnt. Tragt dieses Wissen in die Welt und fürchtet nicht die Reaktion der Menschen, denn es wirkt sehr erlösend, von der Furcht vor einem strafenden und urteilenden Gott befreit zu sein.

Gleichzeitig macht die Menschen aber darauf aufmerksam, dass das, was sie aussenden, – ob in Gedanken oder Worten oder auch Taten –, zu ihnen zurückkommt. Und das nicht in irgendeinem folgenden Leben, sondern sehr bald in diesem. Ist das nicht ein Anreiz, nur noch das Beste zu denken, zu sagen und zu tun?

In Liebe, die Geistige Welt

Wird Jesus, der Christus, eines Tages physisch auferstehen, wie es die Christen glauben?

Ich bin auf geistiger Ebene alle Tage eures Lebens bei euch. Ich stütze euch und leite euch, wo es mir nur möglich ist, aber in einem Körper inkarnieren werde ich nicht mehr, jedenfalls nicht als Jesus Christus. Höchstens als ein völlig unbekannter Mensch, der wieder einmal versucht, die Liebe auf die Welt zu bringen. Aber so wie ihr im Moment an der Liebe und dem Licht arbeitet, wird dies nicht mehr nötig sein.

(Was mache ich hier eigentlich, ist es nicht anmaßend zu glauben, in Kontakt mit Jesus Christus zu sein?

Warum sollte ich mich nicht mit dir unterhalten, du bist doch ebenso wie ich ein Kind Gottes und über alles geliebt. Traue dir ruhig mehr zu, und es wird dir gelingen.)

In Liebe, Jesus Christus

Ist die christliche Kirche das, was Jesus gewollt hat? Das kann ich mir ganz und gar nicht vorstellen.

Alle Menschen machen Fehler, auch die Kirchenführer. Sie tun das für sie Bestmögliche, urteilt nicht über sie, auf dass ihr nicht geurteilt werdet. Was ich wollte und immer noch will ist, dass Liebe auf Erden herrscht unter allen Menschen, egal welcher Hautfarbe und welchen Glaubens. Lebt danach, strahlt Liebe aus (auch für die Kirchen), und die Welt wird zu einem lichtvollen, strahlenden Ort, an dem alle Menschen wahrhaft Brüder und Schwestern sind.

In Liebe, Jesus Christus

Warum gibt es so viele, teilweise stark unterschiedliche Glaubensrichtungen?

Ihr kennt doch sicher das Kinderspiel „Stille Post". Bei diesem Spiel wird eine Nachricht immer von einem zum nächsten geflüstert. Wenn ihr seht, was dabei herauskommt, könnt ihr verstehen, warum es so viele verschiedene Glaubensrichtungen gibt. Die „ursprüngliche Nachricht" war immer die gleiche: „Lebt in Liebe und Frieden miteinander, tragt euer Licht in die Welt und lasst es leuchten, und liebe deinen Nächsten wie DICH SELBST" (vergesst nicht das „dich selbst", es ist sehr wichtig, denn wer sich selbst nicht liebt, kann nicht wirklich Liebe weitergeben).

In Liebe, Jesus Christus

Was ist mit Jesus, Buddha oder Mohammed? Waren sie alle Propheten des EINEN Gottes?

Ja, es gibt nur den einen Gott. Welchen Namen ihr ihm gebt, bleibt euch überlassen. Alle waren heilige Männer und Propheten, alle haben Liebe gepredigt. Alle seid ihr

aus der einen Quelle und alle seid ihr eins im Vater, des-
halb habe auch ich gesagt: „Ich und der Vater sind eins",
oder „Was ihr dem Geringsten unter euch getan habt, das
habt ihr mir getan, denn alle sind eins". Nehmt auch hier
wieder das Bild des Ozeans. Ihr kommt aus dem Ozean,
macht euren Weg als einzelner Wassertropfen durch euer
Leben, und fällt dann in den Ozean zurück. Gott ist der
Ozean. Ist das nicht ein schönes Bild? Genießt es, ein
Tropfen aus diesem Ozean zu sein. Das heißt nämlich,
dass ihr alle das Göttliche in euch tragt.

In Liebe, Jesus Christus

In fast allen Religionen findet man die Dreifaltigkeit, wenn sie auch teilweise anders bezeichnet wird. Worin gründet sich der Glaube daran?

Der Glaube an die Dreifaltigkeit gründet auf dem ur-
sprünglichen Wissen, dass alles, was existiert, auf einer
Dreiheit basiert. Schon im kleinsten Atom haben wir Pro-
tonen, Elektronen und Neutronen, also auch eine Dreiheit.
Alle Gottheiten sind auf drei Ebenen vertreten. Wie in der
christlichen Welt Vater, Sohn und Heiliger Geist, so findet
man auch in anderen Religionen oft diese Dreiheit wieder.
Schließlich ebenfalls in der menschlichen Existenz, die
man auch in Körper, Geist und Seele aufteilt. Die Dreiei-
nigkeit ist eine Wahrheit der Existenz dieses und aller an-
deren Universen. Mögen sich, wie in der göttlichen Exis-

tenz auch, im Irdischen diese drei Existenzen zu einem perfekten Ganzen zusammenfügen.

Gott Vater, Sohn und Heiliger Geist = Gott
Körper, Geist und Seele = Mensch

In dreifacher Liebe zu allem, was ist, war und sein wird
(Dreiheit), Serapis Bey

War Jesus verheiratet, hatte er Kinder?

Ich weiß nicht, ob das wichtig ist zu wissen, aber ich war nicht verheiratet und hatte keine Kinder, denn ich wusste, dass ich meinen Leib früh verlassen musste und wollte nicht die Verantwortung für Kinder übernehmen und sie dann verlassen.

In Liebe, Jesus Christus

Die Bibel wurde bekanntermaßen mehrmals umge-schrieben, verändert und ganze Teile gestrichen. Das ist heute allgemein anerkannt. Werden wir jemals die Origi-nalschriften finden und sie einsehen können?

Nein, denn das ist auch gar nicht nötig. Was in der Bibel geschrieben steht, war für die Menschen jener Zeit, heute braucht ihr andere Informationen, heute hat jedes

Selbst die Möglichkeit, sich mit der Quelle zu verbinden.
Warum dann in verstaubtem Wissen graben?

In Liebe, Jesus Christus

In der Bibel ist von Cherubim und Seraphim zu lesen.
Dazu gibt es leider verschiedene Erklärungen, was darunter zu verstehen ist.
Könnt ihr das bitte aufklären?

Cherubim und Seraphim sind zwei verschiedene En-
gelchöre in der gesamten Hierarchie der Engelheerscha-
ren. Es sind zwei Gruppen von Engelwesen, denen ver-
schiedene Aufgaben übergeben wurden. Die Cherubim
herrschen über die Himmel (ihr hört schon richtig, es gibt
nicht nur einen), und die Seraphim haben die Leitung der
Heerscharen der Engel übernommen, die der Erde als Hil-
fe zur Verfügung stehen. Es gibt zwar eine Hierarchie der
Engel, aber ihr dürft dies nicht mit euren menschlichen Au-
gen messen.

Es gibt unter den Engeln kein Besser oder Schlechter
oder Mächtiger und Untergebener, das ist alleine das Maß,
mit dem ihr Menschen messt. Bei uns sind alle gleich im
Ansehen und in ihrer Macht, ebenso gleich bemüht, Liebe
und Hilfe zu bringen, wo es irgend möglich ist und wo es
uns erlaubt wird.

Ihr könnt euch nicht vorstellen wie vielfältig und wun-
derbar alle unsere Aufgaben sind. Es ist einfach göttlich

für euch und alle Wesen, unter unserem einem Schöpfer,
Vater und Freund dienen zu dürfen.

In unendlich großer Liebe für euch und alle Wesen in
allen Universen, Erzengel Uriel, Engel der Freude
im Namen aller Legionen der Engelwesen

Die meisten Menschen der westlichen Welt sind Christen. Sind die kirchlichen Dogmen der Christen noch zeitgemäß?

Was ist mit den Sakramenten? Wir denken dabei an Zölibat, Beichte, Salbung, usw. Woher kommen diese Sakramente, sind sie nicht überholt und sollten etwas Neuem weichen?

Hier will ich euch sagen: Jeder hat seinen eigenen, individuellen Plan. Für die einen haben die alten Dogmen noch die gleiche Wertigkeit wie zu Ursprungszeiten, für andere hatten sie die nie. Jeder sollte seinen Weg gehen. Warum wollt ihr Dinge abschaffen, die vielen Menschen gut tun? Wenn ein Mensch sich nach der Beichte erleichtert fühlt, lasst ihm diesen Weg. Dogmen sind nur nicht gut, wenn alle hineingezwungen werden. Aber ihr seid erwachsen geworden, entscheidet selbst, jeder für sich! Das ist der Weg. Es zwingt euch keiner zu irgendetwas.

Alles ist eure freie Entscheidung.

In Liebe, Jesus Christus

Die christlichen Religionen glauben in der Mehrzahl nicht an die Wiedergeburt. Es wird damit begründet, dass in der Bibel dazu nichts zu finden sei und Jesus dazu auch nichts gesagt hätte. Mein Gefühl zieht mich aber mehr zu dem Glauben hin, dass ich schon öfters auf dieser Erde als Mensch war.

Könnt ihr dieses bitte umfassend beantworten?

Kann man den Sinn des Lebens ohne Wiedergeburt erklären? Auch in der Bibel war die Wiedergeburt erwähnt und ein ganz natürlicher Bestandteil des Glaubens, bis bei einem frühen Konzil entschieden wurde, diese Stellen aus der Bibel zu streichen. Ihr seid alle schon sehr oft inkarniert gewesen. Eure Seele liebt das Abenteuer und das Lernen, sie liebt es, Erfahrungen zu machen, und das kann man am besten hier. Dein Gefühl trügt dich nicht, auch du warst schon sehr oft inkarniert.

In Liebe, Jesus Christus

Wie viele Erzengel dienen uns und der Erde? Wie sind ihre Namen?

Liebes Menschenkind, wir sind so viele, dass es deine Vorstellung bei weitem übertrifft. Es sind Legionen von Engeln und Erzengeln, die euch zu Diensten stehen und hier helfen, wo ihr es ihnen erlaubt. Die Namen zu nennen, sprengt den Rahmen dieses Buches, es gäbe ein mindes-

tens 6-bändiges Telefonbuch. Ruft nur um Hilfe, und wir sind da, wir hören auch auf selbst erfundene Namen wie „Parkplatzengel", wie Rosemarie selbst bestätigen kann. Kein Problem, versucht es.

In Liebe, die Legionen der Erzengel

Anmerkung: Wenn ich in die Stadt fahre, bitte ich immer den „Parkplatzengel", mir einen Parkplatz frei zu halten, was sehr gut funktioniert... aber vergesst nicht zu danken!

Die Seele sprach zum Körper:
„Werde du krank, auf mich hört er nicht"

(von Sarah A. Gabrisch)

Fragen zu Gesundheit und Krankheiten

Viele alte Hausmittel wie Waden- oder Quarkwickel, Inhalationen, Wissen über Kräuter und Tees sind heute nicht mehr modern und werden durch Medikamente ersetzt. Warum ignoriert der Mensch dieses alte Wissen über die Heilkraft der Natur?

Schaut euch um und seht, immer mehr Menschen erkennen sie wieder, die Heilkraft der Natur. Langsam kommt der Geist des Menschen wieder dahin zurück, sich in der Apotheke Gottes umzuschauen und nicht nur selbst der Schöpfer sein zu wollen, indem der Mensch chemische Medikamente produziert. Außerdem lassen sich, mit Ausnahme der Kinderkrankheiten, die zur besseren Verbindung von Körper und Seele bei Kindern führen und das Immunsystem stärken, alle anderen Krankheiten vollkommen ohne äußeres Zutun heilen. Meditieren, beten, Affirmationen und gesunde Ernährung und Bewegung können einen Großteil aller Erkrankungen heilen.

In Liebe, Erzengel Raphael, Engel der Heilung

Viele Ärzte behandeln nur noch die Symptome und nicht mehr die Ursachen der Krankheiten, das wird selbst den Patienten immer mehr bewusst. Warum sucht die Schulmedizin nicht nach den Ursachen der Erkrankungen?

Die Schulmedizin tut das für sie Bestmögliche. Erst muss der Einzelne etwas tun, bevor so große Institutionen wie die „Schulmedizin" sich ändern werden. Wenn jeder sein Leben wahrhaftig in die Hand nimmt, dann können sich die meisten Menschen viel eher selbst helfen, und den Ärzten bleibt dann auch die Zeit, sich ausgiebig mit dem Einzelnen zu beschäftigen. Werdet alle wieder menschlicher, kümmert euch um den anderen, urteilt nicht über ihn, sondern ergänzt euch.

In Liebe, Erzengel Raphael, Engel der Heilung

Viele Menschen meiden alternative Heilverfahren, obwohl sie in der Schulmedizin keine Heilung gefunden haben. Lieber rennen sie weiter von einem Arzt zum anderen. Warum ist das so?

Weil diese Menschen Angst davor haben, selbst Verantwortung zu übernehmen. Es ist viel einfacher, seinen Körper bei einem Arzt „abzugeben" und ihm die Verantwortung zu übergeben. Naturheilweisen regen meist dazu an nachzudenken, selbst einen Teil zu übernehmen (und sei es nur einen Tee zu kochen), das mögen viele Menschen nicht.

Außerdem bedenkt, dass es für viele ältere Menschen die einzige Möglichkeit ist, Aufmerksamkeit zu bekommen, ohne etwas dafür bezahlen zu müssen. Das ist sehr traurig. Daran krankt eure ganze Gesellschaft. Schenkt einan-

der Zeit und Liebe, dann seid ihr auf dem richtigen Weg. Liebe heilt besser als jede Medizin!

In Liebe, Erzengel Raphael, Engel der Heilung

Sollen wir eine Sportart betreiben, um unseren Körper fit zu halten?

Es ist sehr schön für euren Körper, wenn ihr euch bewegt und fit haltet. Aber eine Sportart, die für alle gleichermaßen gut ist, gibt es nicht. Hört auf euren Körper und gebt seinem Verlangen nach. Leistungssport und Wettkampf tun keinem gut, aber wir wissen, dass ihr immer danach strebt, euch zu messen und möglichst besser zu sein als andere. Das ist aber kein Sport für den Körper, sondern Sport für das Ego, haltet euch davon fern. Pflegt euren Körper und ehrt ihn als das, was er ist: eine Möglichkeit, viele Erfahrungen auf dieser Erde zu sammeln.

In Liebe, Erzengel Raphael, Engel der Heilung

Ich bin Raucher und weiß, dass dies meinem Körper schadet, aber ich komme nicht los davon. Wie kann ich diese Sucht besiegen?

Was soll ich dazu sagen? Wenn du dich schon mit „Ich-komme-nicht-los-davon" programmierst, wie soll es dann gelingen? Du musst auf dich vertrauen, denn du kannst alles schaffen, was du willst. Glaube an dich, und es wird gelingen. Schau in dich hinein und sieh, warum du dich an einer Zigarette festhalten musst, auch das wird dich ein Stück weiterbringen. Du bist ein wundervoller Mensch, und du wirst von uns allen herzlich geliebt. Natürlich kannst du auf allen Ebenen aufgeben, dir selbst zu schaden. Liebe dich, und du wirst sehen, du wirst wachsen.

In Liebe, Erzengel Raphael, Engel der Heilung

Schilddrüsenprobleme sind bei uns sehr verbreitet. Warum haben so viele Menschen damit Probleme, und was hat es damit auf sich? Wie kann Heilung erfolgen?

Die Schilddrüsen stehen für die Öffnung, für eine Kommunikation mit der Geistigen Welt, und ebenso dafür, die eigene Lebensaufgabe zu finden. Immer weniger Menschen öffnen sich ihrer Intuition, somit fällt ihnen der Kontakt zur Geistigen Welt sehr schwer und häufig finden sie aufgrund dieser Tatsache ihre Lebensaufgabe, die sie sich gestellt haben, nicht. Sie laufen in die falsche Richtung und an ihrer wahren Bestimmung vorbei. Die Erkrankung der Schilddrüse macht sie auf diese Tatsache aufmerksam. Sie zeigt ihnen, dass sie an ihrem Halschakra arbeiten müssen. Wenn sie dies tun, kommt mit der Zeit alles in Fluss, die Kommunikation mit der Geistigen Welt kann beginnen, und sie werden über kurz oder lang ihre

Bestimmung finden. Damit wird die Erkrankung überflüssig, die Menschen werden gesund und können ihren Weg beschreiten.

In Liebe, Erzengel Raphael, Engel der Heilung

P.S. Arbeitet an euch, liebe Menschen, und Krankheiten werden überflüssig werden!

Wirken die Strahlen von Mobiltelefonen schädlich auf den menschlichen Körper? Was ist mit anderen Strahlen, wie zum Beispiel von Mikrowellengeräten, Dect-Mobiltelefonen, Babyfonen oder des heimischen PC-Bildschirms? Richten diese Schaden an unseren Körpern an?

Ja, die Strahlung von Handys und anderen elektrischen Geräten kann sich negativ auf den menschlichen Körper auswirken. Wie ihr ja schon festgestellt habt, degeneriert die Nahrung in der Mikrowelle, das heißt, Eiweiß und Vitamine sind für den menschlichen Körper nicht mehr so verwertbar wie ohne diese Strahlung. Die Strahlung von Mobiltelefonen, in Maßen genossen, ist nicht so schädlich. Es ist wie mit allem: Was man übertreibt, wird schädlich. Ihr solltet lieber an euren telepathischen Fähigkeiten arbeiten, dann wären die Handys sowieso unnötig. Allerdings, je mehr Platz ihr in eurem Geist der Furcht vor diesen Strahlen einräumt, desto schädlicher können sie auf euch einwirken. Manche Menschen sind auch schon durch Leben gegangen die sie immun werden ließen gegen jegliche Strahlung. Also auch hier ist der Grad der Schädlichkeit wieder ganz individuell.

Der beste Schutz davor ist, sie nicht zu benutzen, allerdings gibt es auch immer mehr Umweltverschmutzung durch Strahlen, gegen die man mit mancherlei Mitteln vorgehen kann und sollte. An erster Stelle steht das Bewusstwerden, danach arbeitet ihr an eurem Lichtmantel.

Vor den Bildschirm, ob Fernsehen oder Computer, gehört ein Edelstein, der euch hilft, diese Strahlung zu neutralisieren (Vorschläge: Rosenquarz, schwarzer Turmalin, Baryt (Schwerspat) und Bergkristall).

Euer Haus vor elektrischer oder elektromagnetischer Strahlung zu schützen, bedarf einiges an Aufwand, aber es sollte es euch wert sein.

Das Babyfon kann man auch mit Edelsteinen entstören und in einiger Entfernung zum Bett des Babys aufstellen, aber sonst sind sie eine wunderbare Erfindung (wenn man sie verantwortungsbewusst benutzt).

Wie können wir uns vor diesen Strahlen wirksam schützen?

Lichtmantelarbeit zum Schutz des Körpers

Geht in die Ruhe und konzentriert euch auf eure Atmung. Danach atmet ihr Licht durch das Kronenchakra ein (in der Mitte über dem Kopf stellt man sich eine Lichtsäule vor), und dann zieht ihr das Licht beim Einatmen bis zum

Hara hinunter (Hara: Körpermitte, drei Finger breit unter dem Nabel in der Körpermitte, das ist der Energiemittelpunkt des Körpers). Das Licht beim Ausatmen in der Vorstellung durch den Nabel ausströmen lassen und so lange fortführen, bis sich eine Lichtglocke um euch gebildet hat, die nach außen hin strahlt, durch die aber von außen nichts hereinkann. Das müsst ihr euch so vorstellen wie einen hellen Raum: Da strahlt auch das Licht durch die Fenster hinaus, aber nicht das Dunkel von draußen herein.

Schutz des Hauses

Zuerst kommt die Reinigung des Hauses. Ihr geht mit einer violetten Kerze im Uhrzeigersinn durch alle Räume eures Hauses.

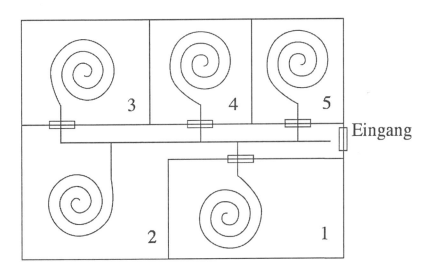

Nach der Reinigung müsst ihr über drei Tage lang den Schutz aufbauen, indem ihr in jedem einzelnen Raum eine weiße Kerze entzündet und folgendes Gebet sprecht:

Allerhöchster Geist
Vater und Mutter allen Seins
Bewahre diesen Ort vor Strahlungen
und negativen Schwingungen aller Art
und lasse hier nur die lichtesten, positiven,
für alle Menschen heilsamen
Schwingungen Einzug halten.
Segne dieses Haus und alle, die darin wohnen
und alle, die hier ein- und ausgehen.
Amen, so sei es.

Das macht drei Tage hintereinander, und euer Haus wird gereinigt und erneuert sein, bis ihr selbst negative Kräfte einladet.

In Liebe, Erzengel Raphael, Engel der Heilung

Bei immer mehr Kindern werden ADHS[*] oder ADS[*] diagnostiziert. Die meisten Eltern nehmen diese Diagnose hin und verabreichen auf Anraten des Arztes Psychopharmaka wie Ritalin oder Ähnliches. Wie erleben diese Kinder ihre Jugend, was passiert mit ihrem Gehirn bei der Gabe dieser Medikamente?

---

[*] Auf Deutsch: Hyperaktivität

Diese Kinder kommen auf die Erde, um wachzurütteln und das alte System in Frage zu stellen. Wenn man ihnen Medikamente verabreicht, um sie ruhig zu stellen, unterdrückt man ihre Entwicklung und hindert sie daran, ihre Aufgaben zu erfüllen. Die Kinder erleben sich als ein störendes Objekt, dass sie nicht in Ordnung sind so, wie sie sind. Das Ritalin oder auch die anderen Medikamente ziehen wieder den Schleier zu, der bei diesen Kindern schon teilweise durchlässig ist. Es macht sie den Erwachsenen, die noch hinter dem Schleier leben, ähnlicher und von daher auch erträglicher, aber es dient in keiner Weise der Entwicklung von irgendjemandem. Es wirkt sozusagen als Schlaftablette für die Welt. Es wäre schön, wenn ihr dieses Syndrom auf andere Weise behandeln würdet: Mit mehr Liebe und Aufmerksamkeit für die Kinder, und auch mit Homöopathie und Bachblüten.

In Liebe, Hilarion und Erzengel Raphael

Gibt es Kräfte, die die Gabe solcher Psychopharmaka unterstützen und warum? Gibt es Alternativen, um diesen Kindern zu helfen?

Es gibt wohl Kräfte, welche die Gabe der Psychopharmaka unterstützen, zum Beispiel die Pharmafirmen. Aber es ist kein böser Wille, sondern der Glaube, helfen zu können, wenn es auch ein Schuss nach hinten ist. Der Teufel ist es nicht und auch keine dunkle Macht, ihr Menschen selbst legt

euch diese Steine in den Weg. Die Eltern müssen ja keine
Psychopharmaka geben. Wie schon gesagt, gibt es viele
verschiedene alternative Möglichkeiten, aber ihr müsst ver-
suchen, für eure Kinder die richtige zu finden. Auch hierzu
gibt es kein allgemein gültiges Rezept, außer der Liebe.

In Liebe, Erzengel Raphael

Die psychiatrischen Anstalten sind voll mit Menschen
mit diagnostizierten Krankheiten wie Schizophrenie oder
Ähnlichem. Woher kommen diese Krankheiten, und wie
kann man sie heilen?

Viele Menschen hören heute Stimmen oder haben
Kontakt zur Geistigen Welt. Sie sind aber nicht so ge-
festigt, dieses für sich als positiv anzunehmen. Sind wir
einmal ehrlich, meine Partnerin denkt auch oft: Wenn ich
meine Kontakte mit der Geistigen Welt einem Psychiater
erzählen würde, wäre ich auch schon in einer Anstalt ge-
landet. Aber Menschen, die bereits viel an sich gearbei-
tet haben und fest in sich selbst ruhen, wissen, dass es
diese Seite des Schleiers gibt und der Kontakt positiv für
alle Menschen ist. Oft werden psychische Erkrankungen
wie zum Beispiel Depressionen aber auch hervorgerufen,
wenn man dem Ruf seiner Seele nicht folgt, das heißt:
Wenn ein körperliches Symptom auftaucht, will man es
möglichst schnell weghaben und denkt nicht über seinen
Sinn nach. Man geht zum Arzt, gibt sich ab und sagt im

übertragenen Sinn: „Mach das weg!". Aber das Unterdrücken der körperlichen Symptome führt euch nur tiefer in
die Krankheit hinein, und am Ende steht eine psychische
Erkrankung.

Man kann sie verhindern, indem man auf seinen Körper hört. Sie zu heilen ist schon etwas schwieriger, auch
hier gibt es verschiedene Möglichkeiten, die jeder für sich
selbst oder für seine Angehörigen herausfinden kann, ob
beten, Liebe, Homöopathie, eine psychologische Behandlung oder Ähnliches ist von Fall zu Fall verschieden.

In Liebe, Hilarion

Warum gibt es Menschen mit Behinderungen und
schlimmen Krankheiten? Womit haben sie das verdient?

*Mit ihrem Wunsch, in diesem Leben die Erfahrung ei-
ner Behinderung zu machen, haben die Menschen sich
diese verdient. Ihr seht es immer noch als Bestrafung, eine
Krankheit oder Behinderung zu haben. Es sind aber ganz
besondere Möglichkeiten der Schulung damit verbunden.
Ohne euer vorheriges Einverständnis und ohne eure vor-
herige Planung geschieht nichts auf dieser Erde, denn ihr
seid die Schöpfer eures Seins und tragt das Göttliche in
euch.*

In Liebe, euer Seraphis Bey

Die Entdeckung von Impfstoffen war sicher ein Segen für die gesamte Menschheit. Heute bekommen schon Säuglinge und Kleinkinder Mehrfachimpfungen gegen alle Kinderkrankheiten. Ist das noch sinnvoll? Wie sind diese Impfungen zu bewerten? Soll ich mein Kind so impfen lassen? In letzter Zeit hört man oft von Impfschäden im Zusammenhang mit den Mehrfachimpfungen.

Ja, sicher war die Entdeckung von Impfstoffen ein Segen für die Menschheit, aber leider herrschen jetzt wieder Übertreibung und Profitgier vor. Einem Baby eine 6-fach Impfung zu geben, grenzt schon an Körperverletzung. Warum soll sich dieser kleine Mensch schon mit sechs Krankheitserregern (wenn auch in abgeschwächter Form) gleichzeitig auseinandersetzen, denen er in seinem Leben mit absoluter Sicherheit nie gleichzeitig begegnen würde?

Lasst eure Kinder die Kinderkrankheiten durchmachen. Nehmt euch, wenn sie krank sind, Zeit für sie, gebt ihnen Liebe und Fürsorge, das bestärkt sie in ihrem Vertrauen. Kinderkrankheiten helfen den Kindern, mit ihrer Seele richtig in den Körper zu inkarnieren. Sie festigen das Band zwischen Körper und Seele. Nicht umsonst sieht man bei Kindern nach einer Erkrankung oft einen großen Fortschritt in ihrer Entwicklung. Nehmt euren Kindern nicht diese Möglichkeit der Festigung. Ebenso stärken alle Erkrankungen, die ohne Antibiotikum in der Kindheit überstanden worden sind, das Abwehrsystem des Körpers und geben ihm Kraft für seine Aufgabe.

Antibiotika sind ebenfalls ein Segen für die Menschheit, wenn sie verantwortungsbewusst und bei schweren Erkrankungen gezielt eingesetzt werden. Aber bei jeder Erkältung gegeben, können sie zum Fluch werden.

Ob du dein Kind impfen lassen sollst, hängt von deiner seelischen Entwicklung ab. Hast du viel Angst vor Krankheiten und deren Sinn noch nicht begriffen, lasse dein Kind impfen (aber bitte keine 6-fach Impfung). Hast du den Sinn von Krankheiten erkannt, dann werden für dich Impfungen wohl der Vergangenheit angehören oder du entschließt dich für einen Mittelweg und lässt nur einige wenige Impfungen durchführen.

Wer braucht schon eine Impfung gegen Röteln und Windpocken, wenn er noch im Kindesalter ist?

In Liebe, Erzengel Raphael

Woher kommen die so genannten neuen Zivilisationskrankheiten wie zum Beispiel AIDS, Vogelgrippe usw.? Falls diese Frage überhaupt so beantwortet werden kann.

Diese Krankheiten kommen aus der Notwendigkeit für die Menschheit, umzudenken. Bei AIDS ist es so, dass die Sexualität leider missbraucht wird. Ohne Liebe ist Sexualität nicht positiv und macht über kurz oder lang krank. Bei häufig wechselnden Sexualpartnern, das heißt Sex ohne

Liebe, ist die Gefahr der Ansteckung am größten. Bitte, ihr Lieben, erkennt das Opfer, vor allem der Kinder, die inzwischen auch an AIDS erkrankt sind, und kehrt um. Es ist nicht notwendig, so prüde zu sein, wie manche religiösen Vereinigungen das propagieren, aber es ist absolut wichtig und unerlässlich, die Liebe zu leben und nicht, wie ihr sagen würdet: „Eine schnelle Nummer zu schieben". Auch dass Menschen, um überleben zu können, ihren Körper verkaufen müssen, ist wahrhaftig nicht in Ordnung. Liebt euch selbst und eure Mitmenschen, dann kann diese Art von Sexualität nicht weiter Bestand haben.

Bei der Vogelgrippe ist das wieder etwas anderes. Es ist in Ordnung, manchmal Fleisch zu essen, aber nicht in dem Maß und unter den Bedingungen, wie sie bei euch bestehen. Es ist das Gleiche wie mit dem Rinderwahnsinn (aus dem ihr leider nichts gelernt habt). Haltet die Tiere artgerecht, hört auf, sie zu quälen, und diese ganzen Erkrankungen werden überflüssig werden.

In Liebe, Hilarion

Warum bekommen ältere Menschen Alzheimer? Was geschieht mit diesen Menschen, und wie können wir ihnen helfen?

Man bekommt Alzheimer, wenn die Seele erkennt, dass der Mensch in diesem Leben nur noch im Inneren seinen Pfad finden kann. Darum verliert er nach außen hin den Bezug zum Leben, ist aber, für sein Umfeld nicht erkennbar, in seinem Inneren dabei, sein schwerstes Stück Arbeit auf diesem Lebensweg noch zu erledigen. Ehrt diese Menschen, denn es ist ein schwieriger Weg, den sie eingeschlagen haben, für sie selbst und für ihr Umfeld. Ihnen zu helfen ist nur auf geistig-seelischer Ebene möglich, das heißt, sie mit Licht und Liebe zu erfüllen und sie den von ihrer Seele gewählten Weg beschreiten zu lassen. Im Anfangsstadium der Erkrankung sollte man die Betroffenen anleiten zu meditieren, damit ihre Seele ihre Arbeit auch im geistig klaren Zustand machen kann.

Meditation

Gehe in die Stille, entspanne dich und visualisiere einen Raum mit einer angelehnten Tür. Durch die Tür fällt ein Lichtstrahl hinein. Nun hast du die Möglichkeit, diese Tür zu schließen, das bedeutet, du entscheidest dich, deine Arbeit an der Seele im stillem Kämmerlein deiner Erkrankung anzugehen, oder aber du schreitest mutig voran, öffnest die Tür zur bewussten Arbeit an den Aufgaben. Dies fordert dich auf, ganz bewusst täglich durch Meditation in Kontakt mit deinem Höheren Selbst zu treten und dir von ihm den für dich richtigen Weg aufzeigen zu lassen. Das heißt, du durchschreitest in deiner Meditation täglich die Tür zum Licht und begegnest dort deinem Höheren Selbst. Öffne dich ganz bewusst für seine Information und nimm seine Anweisungen dankbar an.

Befolge sie, so wird die Krankheit nicht in ihrer vollen Zerstörung auftreten.

In Liebe und Mitgefühl,
Erzengel Raphael, Engel der Heilung

Warum kommen Kinder mit operationsbedürftigen Geburtsfehlern auf die Welt?

Weil es in diesen Fällen notwendig ist, den Eltern die Lernaufgabe der besonderen Fürsorge zu stellen, die manchmal bis zum Loslassen geht.
Für solche Aufgaben stellen sich meist sehr große Seelen zur Verfügung oder Seelen, die noch schweres Karma aufzulösen haben.

In Liebe, Hilarion

Viele Kinder haben schwere, teils unheilbare Krankheiten und sterben früh. In manchen Familien sterben sogar mehrere Kinder. Warum ist das so?

Diese Seelen brauchen für ihren Einzug in die Meisterschaft nur noch diese eine, kurze Erfahrung. Manchmal inkarnieren sie aber auch nur aus Liebe für ihre Seelenfamilie, um ihr beim Lernen von Vertrauen und Loslassen auf der materiellen Ebene zu helfen. Denn auf der geistigen

Ebene bleiben sie ihren „Eltern" immer nah und stehen jederzeit für Trost und Hilfe bereit.

Ihr könnt euch nur schwer vorstellen, wie das geht: Auf der einen Seite bei den Eltern zu sein und auf der anderen in der Glückseligkeit der Einheit. Aber nach dem Tode ist nicht mehr alles so eng wie hier. Ihr habt alle Möglichkeiten und könnt an vielen Stellen gleichzeitig sein und vieles zur gleichen Zeit tun.

Was ist mit AIDS und anderen, heute unheilbaren Krankheiten? Warum gibt es sie, und wie kann eine Heilung erfolgen?

Wie oben erwähnt, gibt es AIDS, weil die Menschen in Maßlosigkeit verfallen sind. Die Krankheit dient als aufrüttelndes Ereignis, als Wegweiser, aber nicht nur für den Einzelnen, sondern für größere Teile eurer Gesellschaft. Wacht auf und erkennt den Weg der Liebe! Dann sind solche Krankheiten nicht mehr notwendig.

Eigentlich gibt es keine unheilbaren Erkrankungen, man hat immer die Möglichkeit, sein Leben vollkommen zu ändern, den für den einzelnen Menschen richtigen Weg zu finden und ihn dann auch zu gehen. Es sei denn, es ist für die Seele an der Zeit, den Weg nach Hause anzutreten und den Körper zu verlassen. Dafür braucht ihr jetzt noch eine solche Krankheit, um euch vom Leib trennen zu können. Es wird aber wieder die Zeit kommen, wo ihr (wie frü-

her die Indianer) euren Körpern verlassen können werdet, wenn eure Zeit gekommen ist, ganz ohne Krankheiten und Leiden, einfach so!

Erzengel Raphael und Sanat Kumara:
„Wir lieben euch und beobachten eure Fortschritte mit großer Freude und Genugtuung."

Schickt Gott uns alle diese Krankheiten, um uns zu läutern?

Oh ihr Lieben, wie schön wäre es, die Schuld für das, was geschieht, auf andere abschieben zu können, aber so ist es nicht! Ihr alle seid verantwortlich für das, was euch geschieht, auf allen Ebenen und in allen Dimensionen. Krankheit ist keine Strafe Gottes, es ist der Aufschrei eurer Seele, um euch auf den rechten Weg zu bringen. Ihr habt euch so viel vorgenommen für dieses Leben, und wenn ihr euch diesem Weg nicht nähert, wird es Zeit für eure Seele, euch aufzurütteln. Wacht auf und hört auf euer Höheres Selbst, es kennt den Weg und eure Lebensaufgabe.

Fragen zur politischen Entwicklung

Warum ist die Politik unseres Landes so losgelöst vom Volk? Merken „die" nicht, dass ihre Politik an der Wirklichkeit und am Volk vorbei geht? Wann ist hier endlich mit einem Wandel zu rechnen?

Wer sind „die" denn ohne euch, das Volk? Was denkt ihr, das Volk, denn von denen, welche die Politik für euch machen? Wir raten euch, endlich zu erkennen, dass ihr nicht machtlos seid, nicht Opfer, wie ihr euch immer so gerne darstellt. Auch die Politiker, die an die Macht kommen, werden geprägt durch das Gedankenbild, das die Mehrheit des Volkes sich von ihnen macht. Können sie dann überhaupt anders sein, als sie sind? Seid einmal ehrlich zu euch: Was denkt ihr denn von den Politikern? Haben sie damit überhaupt eine Chance, ihre Arbeit gut zu machen und von Vorteil für euch alle zu sein? Betrachtet eure Gedanken und ändert sie jetzt! Erst dann kann sich auch die Arbeit der Politiker ändern. Je mehr ihr an euren Gedankenbildern arbeitet, desto mehr wird geschehen, zum Positiven, wenn ihr positiv denkt, zum Negativen, wenn ihr negativ denkt.

So ist das also, fasst euch auch auf dieser Ebene zuerst einmal an die eigene Nase und hört auf, mit dem Finger anklagend auf andere zu zeigen (egal in welchem Lebensbereich). Gebt den Menschen, die euer Land führen wollen, doch eine reelle Chance, auch etwas Gutes zu bewirken. Wir freuen uns schon auf die positiven Re-

aktionen auf eure Gedanken und stehen bereit, helfend einzugreifen.

In Liebe, die Weiße Bruderschaft

Ist unser Regierungssystem überhaupt so perfekt, wie es dargestellt wird?

Die Welt und euer Regierungssystem ist das, was ihr von ihr bzw. ihm denkt. Lässt euch das aufhorchen? Das glaube ich wohl, denn ich fürchte, die allerwenigsten Menschen denken Gutes über die Regierung. Kehrt um und erkennt die große Kraft eurer Gedanken. Es wird Zeit für euch alle, in allen Bereichen positiver zu werden. Schwingt eure Gedankenmuster auf eine höhere Ebene ein und alles, auch die Menschen in der Regierung, werden diese erhöhte Schwingungsebene wahrnehmen und von ihr positiv beeinflusst werden.

In Liebe, Kuthumi

Die Weltmacht mischt sich in allen Ländern ein und beschwört Kriege herauf, selbst wenn dafür Beweise gefälscht werden müssen. Der westlichen Welt scheint das mehr oder weniger egal zu sein. Wie kann dieser Weltmacht Einhalt geboten werden? Wie kann sie zum Umdenken bewegt werden?

Angst um die Macht, Ablenkung von den eigenen Schwächen, – das sind die Ursachen dieser Machtpolitik. Kriege dienen immer dem Machtgewinn und der Ablenkung, und glaubt mir, keiner kann jemals einen Krieg gewinnen, denn das ist unmöglich. Seht euch die Weltgeschichte an, Gewalt zieht Gewalt nach sich. Liebe ist die einzige Macht, die stärker ist, fangt damit im Kleinen an:

„Liebe deinen Nächsten wie dich selbst."

Fangt damit an, euch selbst zu lieben, damit ihr dann noch in der Lage seid, eure Mitmenschen zu lieben. Kehrt erst einmal vor eurer eigenen Tür, bevor ihr anfangt, euch über die Weltmächte aufzuregen. Wie sieht es in eurer Familie aus? Herrscht dort Frieden? Wenn nicht, dann solltet ihr dafür sorgen, dass ihr Vergebung und Liebe in euer Umfeld strahlt und damit immer weitermacht. Wie wäre es, auch der Weltmacht ihre Fehler zu vergeben und Liebe auf sie auszustrahlen? Damit fängt Weltfrieden an, nicht mit Vorwürfen an die Weltmächte und an die westliche Welt. Nehme du in die Hand, was dir möglich ist, und du wirst sehen, die Auswirkungen in deinem näheren Umfeld und über die ganze Welt werden nicht ausbleiben. Schließe dich einer Gruppe an, die Weltheilungs- oder Weltfriedensmeditationen macht oder gründe selbst eine. Das ist der Weg, selbst umzudenken, bevor man von anderen verlangt umzudenken.

Viel Liebe und Erfolg auf allen euren Wegen in Richtung Liebe, Erzengel Michael

In unserer heutigen Politik drehen sich die meisten Themen um das Eintreiben von Steuern, um den Staatshaushalt zu finanzieren. Bisher ist kein Umdenken in Sicht. Lange kann es so nicht mehr weitergehen. Was ist die Lösung für diese Probleme? Was kann der Einzelne bewirken?

Jetzt hast du es erkannt: Nur der Einzelne ist dafür zuständig, den Anfang zu machen. Gib klaglos den „Zehnten" an die Politiker und stelle dir gleichzeitig vor, dass viele Flüsse des finanziellen Wohlstands zu dir hinfließen. Ihr müsst wissen, dass für alle Wohlstand im Überfluss vorhanden ist, ihr müsst nur bereit sein, ihn anzunehmen. Wenn ihr die Gedanken des Mangels und Geizes weiter denkt, werdet ihr im Mangel leben. Denkt lieber die Gedanken des Wohlstands und der Fülle, und sie werden über euch kommen mit all ihren Wohltaten.

Visualisierung

Gehe in die Ruhe, achte auf deine Atmung und öffne dich den Segnungen des Universums.

Sende in Gedanken deine Bereitschaft zur Annahme der Fülle ans Universum.

Stell dir vor, deine finanzielle Grundlage ist ein kleiner See, der nur einen Zufluss hat (dein Einkommen), und mehrere Abflüsse (deine Ausgaben).

Nun öffnest du dein Bewusstsein für weitere Zuflüsse (aus welcher Quelle diese Zuflüsse kommen, ist im Mo-

ment nicht von Bedeutung). Das Universum wird für den segnenden Regen sorgen, so dass die Zuflüsse zu kräftigen Bächen heranwachsen und dein See des Wohlstands immer wohl gefüllt sein wird, so dass die Abflüsse sogar notwendig sind, um das System lebendig zu erhalten. Wichtig für die Öffnung ist Geduld und die Fähigkeit, alle Zweifel am Erfolg beiseite zu lassen.

Lasst alle alten Programmierungen los, die da sagen: „Im Schweiße deines Angesichts sollst du dein Brot verdienen" oder „Nur wer hart arbeitet, verdient genug".

Programmiert euch um: „Ich tue mit Leichtigkeit und Freude meine Arbeit und verdiene damit genügend Geld" oder „Mir fließt auf allen Ebenen und in allen Dimensionen Wohlstand zu, und ich öffne mich ihm mit Freude und Dankbarkeit".

Die Dankbarkeit ist auch ein ganz wichtiger Aspekt. Seht nichts in eurem Leben als selbstverständlich an, sondern nehmt es mit Dankbarkeit entgegen. Ob das die für euch ganz selbstverständlich gewordene warme Dusche am Morgen ist (es gibt Menschen, die nichts zu trinken haben), oder die warme Wohnung. Seht auch die kleinen Wunder am Wegesrand und freut euch darüber. Geht mit offenen Augen durch eure wundervolle Welt und feiert das Fest des Lebens. Nehmt eure Segnungen dankbar an und achtet auf eure Gedanken.

In Liebe und tiefem Vertrauen zu der ganzen Menschheit,

Erzengel Gabriel

Sind die Medien vom Staat oder einer anderen Macht manipuliert? Im Fernsehen sieht man fast nur schlechte Nachrichten, obwohl doch auch täglich gute Dinge geschehen.

Ja, die Medien sind manipuliert. Aber keiner zwingt euch, euch alle diese Angst machenden Parolen und negativen Ereignisse anzutun. Klinkt euch aus aus dieser Maschinerie und erkennt, dass ihr die Mächtigen seid. Jeder Einzelne schafft sich sein eigenes Leben:

„Dein Leben ist, was du denkst, was es ist",
„Die Welt ist, was du denkst, dass sie ist".

Schwingt euch nicht ein auf die negativen Schwingungen der Angst, denn sie bremsen den Lebensfluss und halten euch davon ab, in eure eigene Macht zu kommen. Alleine die Schwingungen der Liebe und des Vertrauens machen euch stark und lassen euch zu Gewinnern im Spiel des Lebens werden. Seht die positiven Dinge im Leben und in eurer Umgebung und geht in Resonanz mit ihnen, denn ich sage euch, das, was ihr fürchtet, zieht ihr in euer Leben, deshalb rate ich euch, in Liebe und Vertrauen euren Weg zu gehen. Schwimmt nicht mit dem Strom, sondern geht euren eigenen Weg, ergreift eure Macht und lebt in Liebe und Frieden, jetzt und jeden Tag eures Lebens!

So sei es, und so ist es.
In Liebe, Kuthumi

Wie ist die Verständigung mit anderen Nationen zu verbessern? Zwischen manchen Gruppen gibt es noch viele Vorurteile, die Kluft ist teilweise sehr groß. Bei Problemen im eigenen Land schiebt man gerne die Schuld „den Ausländern" zu.

Das ist das alte menschliche Problem: Es ist ja viel einfacher, den anderen die Schuld zu geben als vor der eigenen Haustür zu kehren. Geht mit Verständnis, Liebe und Achtung miteinander um, ihr alle seid Teile Gottes und Brüder und Schwestern. Neid und Missgunst führen nur zu Armut und Not. Liebe und Großzügigkeit öffnen die Tore für Wohlstand und Liebe.

Denke immer daran, was du aussendest, kommt zu dir zurück.

Was wäre dir da lieber? Wenn du den Ausländern (was für ein schreckliches Wort) Neid und Hass entgegenbringst, wird Neid und Hass zu dir zurückkehren. Wenn du aber Mitgefühl und Wohlwollen aussendest, wird dieses zu dir zurückfluten. Du hast einen freien Willen, du kannst jederzeit frei wählen. Schwierig, aber wichtig ist, dass du auch den Menschen, die dir und deinem Land Hass und Feindschaft entgegenbringen, mit Wohlwollen und Freundlichkeit begegnest. Lass dich nicht auf die niedrigen Schwingungen herabziehen. Du wirst feststellen, je mehr du an positiven Schwingungen durch Gedanken, Worte und Taten aussendest, umso mehr Menschen werden dir begegnen, die ebenso denken und handeln wie du. Das ist das Resonanzprinzip, du ziehst das an, was du aussendest. Je mehr Menschen es schaffen, auf diese hoch schwingenden, positiven Ebenen zu gelangen, umso mehr positive Ereignisse werden sich einstellen, und auch die Mitbrüder und Mitschwestern werden über kurz oder lang von der positiven Kraft aus ihrem Sumpf der Negativität befreit werden. Deshalb unsere Bitte: „Arbeitet an euch, euren Gedanken, Worten und Taten und messt ihnen die Kraft zu, die sie besitzen, – nämlich die Kraft, die Welt zu verändern."

In Liebe und Hochachtung vor euren Leistungen,
die Weiße Bruderschaft

In Europa scheinen die Kriege endlich ein Ende zu haben. Wird das Militär irgendwann überflüssig?

Ja, das Militär, so wie es jetzt ist, wird überflüssig werden. Aber die Institution als solche wird bestehen bleiben, allerdings mit einem anderen Wirkungsgebiet. Die Aufgaben des Militärs werden im Zivilschutzbereich und im Bereich der Mitmenschlichkeit liegen, – als Hilfe in Katastrophengebieten, Trockenzonen oder wo auch immer Mitmenschlichkeit gebraucht wird. Dort werden die Einsatzbereiche des jetzigen Militärs liegen. Durch euer Gebet könnt ihr unser Bemühen zu diesem Fortschritt unterstützen.

Gebet

Herr, lass Frieden werden auf Erden
Schenke uns die Gnade des Verzeihens
und die Kraft, alle Menschen zu lieben
So ist es, und so sei es.

In Liebe, Jesus Sananda

Es gibt viele so genannte Verschwörungstheorien, wobei oft von einer Gruppe, den Illuminaten, die Rede ist, manchmal ist auch die Hochfinanz Ziel der Spekulationen. Diese Gruppen lenken angeblich das Geschick unseres Planeten und nicht unsere Regierungen. Ist an diesen Gerüchten etwas Wahres?

Eure Erde ist, was ihr denkt, das sie ist. Auch eure Führung ist, was ihr denkt, was sie ist. Je mehr Raum ihr diesen Verschwörungstheorien in eurem Leben gebt, desto mehr sind sie für euch wahr. Was macht es schon für einen Unterschied für euch, wer an der Spitze der Weltherrschaft steht, wenn ihr ihn in Liebe herrschen seht? Denn es wird nur sein, was ihr erlaubt zu sein. Und glaubt mir, die Angst vor den „bösen Illuminaten", oder wie sie auch sonst heißen mögen, bringt sicher nicht mehr Liebe in die Welt, aber genau darin besteht eure Aufgabe: Liebe in und über die Welt zu bringen und nicht Furcht vor irgendwelchen Verschwörern. Gerade das ist der Punkt, von dem ihr euch befreien sollt. Die Spaltung in Gut und Böse fängt damit im Kleinen an, nämlich bei euch selbst. Auch ihr seid nicht nur gut, seht euch eure Schattenseiten an, erkennt sie, transformiert sie, lernt, was sie euch sagen wollen, und dann integriert sie in euer Sein. Seid euch immer der Tatsache bewusst, dass ihr die Erschaffer eures Lebens und eures Umfeldes seid. Ihr seid das, was ihr denkt, das ihr seid, und die Welt wird zu dem, was ihr denkt, das sie ist. Deshalb achtet auf eure Gedanken und bemüht euch immer, sie nicht für Negatives zu vergeuden, sondern euch, und somit eure Welt, im positiven Sinne zu erschaffen.

Viel Spaß und viel Erfolg beim Erschaffen eures Paradieses wünscht euch Erzengel Gabriel

Haben wir in den nächsten Jahren mit großen politischen Änderungen zu rechnen? Können die totalitären Systeme noch lange bestehen?

Ja, es werden in den nächsten Jahren mit eurer Unterstützung sicherlich Änderungen im politischen System, aber vor allem bei der persönlichen Zielsetzung und dem persönlichen Engagement der Politiker eintreten. Unterstützt sie mit eurer Liebe, eurer Zuversicht und eurer Positivität. Dies sind die Grundlagen für ein besseres politisches Umfeld, für eine Regierung, die das Wohl des Volkes im Auge behält und nicht nur nach Macht und materieller Bereicherung strebt. Geht auch auf diesem Gebiet in eure

Verantwortung und überprüft eure Gedanken. Unterstützt die Politiker, egal welcher Partei, mit euren guten Gedanken, eurer Liebe und euren Segnungen. Erst dann werden sie die guten Hirten sein können, die ihr euch wünscht.

In Liebe, eurer Freund und Helfer in politischen Fragen,
Gautama Buddha

Ich male mir die Welt in 30 Jahren als friedlich, ohne Umweltverschmutzungen und ohne Hunger und Leid aus. Ist mein Traum realistisch? Wird es irgendwann Frieden auf Erden geben?

Ja, das wird es, und das wird aus unserer Sicht gar nicht mehr so lange dauern, wobei die Zeit ja relativ ist.

Je mehr ihr am Weltfrieden arbeitet, desto schneller wird er geschehen. Alle Menschen sind schon immer Brüder, in Licht und Liebe verbunden. Ihr müsst es nur erkennen, und dafür seid ihr Lichtarbeiter da. Jeder, der dieses Buch liest, gehört dazu und kann zum Weltfrieden beitragen durch Visualisierungen und Gebete.

Visualisierung

Stellt euch vor, wie ihr Liebe in die Atmosphäre sendet.
Ein strahlendes rosafarbenes Licht, das aus eurem Herzchakra ausströmt und sich um den Erdball legt.

Gebet

Allerhöchster Geist, wir lieben dich
und wir bitten dich und alle deine Helfer
in dieser und in anderen Dimensionen,
uns in unserer Friedensarbeit zu unterstützen
und das Licht der Liebe hineinzutragen
in die Herzen aller Menschen,
die auf diesem Planeten leben.
So ist es, und so sei es.

Je mehr Menschen sich an dieser Arbeit beteiligen, desto schneller hat sich eine dicke, rosafarbene Hülle um die Erde gebildet, die in der Schwingung der Liebe über die ganze Welt strahlt. Seht ganz deutlich das Bild von Menschen vor euch, die ihre Waffen wegwerfen, ihre Aggressionen loslassen und sich einander in den Armen liegen. Danach spannt eine Menschenkette um die Welt, in der sich Menschen aller Nationalitäten und Hautfarben lachend, strahlend, in bester Gesundheit und allgemeinem Wohlstand die Hände reichen. Je öfter ihr dies tut, umso schneller wird sich der Frieden auf der Erde manifestieren.

Wir sind die Nanissi*), die Friedensbringer

---

*) Nanissi sind eine Gruppe von Wesenheiten, deren Aufgabe es ist, die Menschen in ihrer Friedensaufgabe zu unterstützen.

Nimm deine Nahrung dankbar entgegen,
werte sie auf mit deinem Segen.
Sei genügsam und bedacht,
Mutter Erde hat sie nur für dich gemacht

Belasse sie so natürlich wie möglich,
dann hast du alles, was du brauchst.
Sei zufrieden damit täglich
und in der Jahreszeiten Lauf.

(Rosemarie Gehring)

Fragen zur Ernährung

Sind genmanipuliertes Getreide, Gemüse oder Obst schädlich für den Menschen?

Ja, alles, was aus Raffsucht und dem puren Willen an Gewinn erzeugt wird, kann für den Menschen nicht von Nutzen sein. Alles, was mit Liebe hergestellt und verwertet wird, wird dem Menschen von Nutzen sein, ihn stärken und aufbauen und ihm hilfreich sein. Wenn ihr nicht wisst, ob eure Speisen genmanipuliert sind oder nicht, segnet sie und nehmt sie voller Liebe zu euch, und sie werden euch nicht schaden. Selbst das gesündeste Essen, das im Zorn oder im Zweifel verzehrt wird, kann euch keinen Vorteil bringen. Deshalb segnet all eure Nahrungsmittel und esst sie mit Liebe und Dankbarkeit. So wird eurem Körper ermöglicht, sie zu seinem bestmöglichen Nutzen einzusetzen und ebenso die Liebes- und Dankbarkeits-schwingung, die ihr ausstrahlt auf eure Nahrung, in sich aufnehmen und in die Zellstruktur einbauen.

In Liebe, Erzengel Raphael

Man hört oft von den positiven Eigenschaften von Oli-venöl, Mandelöl und anderen Ölen. Sind diese wirklich so gesund für unseren Körper?

Alle diese Öle sind sehr gesund für den Menschen, wenn sie, wie alles, in Maßen genossen werden. Mit dem Spruch „All zuviel ist ungesund" habt ihr wieder mal ins Schwarze getroffen. Mit allem, was man übertreibt, schadet man seinem Körper, ob das nun Sport oder Ernährung ist. Denkt aber auch daran, ihm dafür zu danken, dass er euch durch dieses Leben trägt und so gut für euch arbeitet. Fragt ihn manchmal, was er sich von euch wünschen würde und versucht, ihm diese Wünsche zu erfüllen. Versucht auch, zu euren Organen Kontakt aufzunehmen, dankt ihnen, wenn sie gut für euch arbeiten, und helft ihnen, wenn sie krank sind. Sie werden euch sagen, was ihr tun sollt, seid achtsam mit eurem Körper und mit allem, was euch auf eurem Lebensweg begegnet, dann werdet ihr euren Körper gesund erhalten.

In Liebe, Hilarion

Die Massentierhaltung kann sicher nicht als artgerechtes Halten von Tieren angesehen werden. Trotzdem wird sie toleriert, um unseren Fleischbedarf zu decken. Wie können wir nur davon loskommen?

Nein, das kann sie wahrhaftig nicht. Was ganz wichtig ist bei allem, was ihr esst, segnet es im Namen Gottes und dankt ihm dafür, dass es eurem Körper als Nahrung dient, denn durch diesen Dank und Segen ehrt ihr diese Wesen, die für euch ihr Leben gegeben haben. Dann tun sie dies mit Freude. Gegen die Massentierhaltung könnt ihr etwas tun, indem ihr euren Fleischverbrauch stark einschränkt, so wie bei euren Vorfahren, einmal in der Woche Fleisch, das wäre sehr gut, auch für euren Körper. Außerdem könnt ihr auch hier mit euren Gedanken, mit Visualisierung und Beten viel für die Tiere tun. Stellt euch die Kuh auf der Weide und die Hühner auf der Wiese vor und wie alle Tiere ein artgerechtes Leben führen, und es wird Wirkung zeigen.

Versucht es, in Liebe, Hilarion

Wurde das Tier überhaupt erschaffen, um den Menschen als Nahrung zu dienen?

Ja, die Tiere haben für euch auch diese Aufgabe übernommen, aber wie mit vielem neigt ihr Menschen zu Übertreibungen. Es ist schon in Ordnung, manchmal ein Stück Fleisch zu euch zu nehmen, aber in dem Maße, wie ihr das tut, und auch, wie ihr die Tiere behandelt, ist es nicht in Ordnung.

In Liebe, Hilarion

Wie sieht es mit Fischen aus, sollten wir diese essen?

Auch Fische dürfen euch als Nahrung dienen. Leider habt ihr auch hier Methoden entwickelt, die dazu neigen, die Fische auszurotten und nicht, ihre Artenvielfalt zu hegen und ihnen zu danken, dass sie euch als Nahrung dienen. Ihr müsst wieder das rechte Maß in eurem Leben finden.

In Liebe, Hilarion

Nehmen wir mit dem Verzehr von Milch und Milchprodukten die Giftstoffe aus der Umwelt mit auf?

Ja, aber die Giftstoffe aus der Umwelt werden euch nichts anhaben können, wenn ihr die Nahrung segnet, in allem das rechte Maß habt und in eurer Mitte seid. Denn auch mit Obst und Gemüse nehmt ihr Giftstoffe auf. Achtet auf eine ausgewogene Ernährung, wenig Fleisch, nicht zu viele Milchprodukte und viel Obst, Gemüse und Getreide. Esst mit Freude und Dankbarkeit, segnet eure Speisen und freut euch über die Fülle, so wird es euch gut gehen.

In Liebe, Hilarion

Wie können wir auf diese Produkte verzichten, machen sie doch einen großen Teil unserer Nahrung aus?

Ihr müsst nicht auf diese Produkte verzichten, sondern nur ihren Verbrauch auf das rechte Maß einschränken. Dies ist jedoch für jeden Einzelnen von euch anders. Horcht in euch hinein, befragt euren Köper und ihr werdet die richtige Ernährungsweise, die persönlich zu euch passt, finden. Bindet euch nicht ein in die von anderen auferlegten Vorschriften. Die mögen für diese Menschen stimmen, aber für euch vielleicht nicht. Auch hier wieder: Seid achtsam, was euer Körper verlangt, und gebt es ihm.

In Liebe, Hilarion

Warum sind in Getreide, Gemüse und Obst weniger Mineralstoffe und Vitamine als noch vor zehn Jahren?

Weil durch die Überdüngung der Erde die Kraft verloren ging, eure Nahrung in der ursprünglichen Qualität zur Verfügung zu stellen. Auch hier gilt wie auf allen anderen Ebenen: All zuviel ist ungesund. Düngt weniger, und ihr werdet sehen, Getreide und Gemüse werden wieder mineralstoffhaltiger.

In Liebe, Hilarion

Ich kann den Verlockungen von Schokolade und Knabberzeug kaum widerstehen. Gerne würde ich sie unbeachtet lassen, aber irgendetwas scheint mich zu drängen, die Dinge trotzdem zu essen. Ich denke immer, sie sind „gut für meine Seele". Woher kommt dieses Gefühl?

Ihr sollt euch gar nicht jeden Genuss versagen, gönnt euch ruhig mal etwas Süßes und Knabberzeug, aber achtet darauf, wer bestimmt, wann ihr damit aufhört. Ist es nur eine Gewohnheit, oder genießt ihr es wirklich voller Achtsamkeit? Das Gefühl, dass die Sachen gut für die Seele sind, kommt aus frühester Kindheit, wo die süße Muttermilch tatsächlich gut für eure Seele war. Dadurch verbindet ihr auch jetzt noch die Aufnahme von Süßigkeiten mit einem Gefühl von Sicherheit, Geborgenheit und Geliebtsein. Werde dir bewusst, dass du jederzeit geborgen, in Sicherheit und geliebt bist, und du wirst seltener Verlangen nach Süßem haben. Wenn du es aber zu dir nimmst, tue es mit deiner vollen Aufmerksamkeit und nicht „nur mal so nebenher". Du wirst sehen, du hast viel mehr davon.

In Liebe, Hilarion

Wie soll ich meine Haustiere ernähren? Sind Trockenfutter aus dem Handel gut für Hunde und Katzen?

Ja, das Trockenfutter aus dem Handel ist in Ordnung für deine Haustiere, aber gib ihnen auch ruhig von den Es-

sensresten, die an eurem Tisch übrig bleiben, das ist auch gut für sie. Mische diese Nahrungsmittel für die Tiere etwa 1 : 1, dann stimmt das Verhältnis, und deine Tiere werden bestens versorgt sein.

In Liebe, Belana, die Beschützerin der Tiere

Freude ergießt sich über die Welt,
mehr als ihr je euch vorgestellt.
Alle Menschen werden lachen,
brauchen sich keine Sorgen zu machen.
Endlose Fülle überall,
die Welt wird zum wahren Freudental.

Nur Liebe und Freundschaft euch alle
verbindet,
was euch schon lange war verkündet.
Nun rückt es immer näher heran,
damit die Menschheit es leben kann.
Seid dankbar und bereit dafür,
denn nun steht das Glück vor eurer Tür.

Empfangt es mit offenen Armen!

(Rosemarie Gehring)

Fragen zu Natur, Reinhaltung und Regeneration der Erde

Wir verbrennen weiterhin fossile Brennstoffe, um Energie zu erzeugen, obwohl wir wissen, dass die Ressourcen begrenzt sind. Leider scheinen aber auch keine echten Alternativen in Sicht zu sein. Wie können wir auf Öl und Kohle verzichten? Welche Alternativen gibt es? Sind Atomkraft, Sonnenenergie oder Windkraft die Lösung?

Oh ihr Lieben, es gibt sehr viele Alternativen zu den fossilen Brennstoffen. Die Sonnen- und Windenergie zu nutzen ist zum Beispiel eine echte Alternative, wobei die Nutzung der Windkraft problematische Umweltbelastungen mit sich bringen kann. Aber seid gewiss, es gibt schon Menschen unter euch, die Lösungen für alle Energieprobleme auf der Erde in der Hand haben, und es wird nicht mehr lange dauern, bis sie für euch alle nutzbar gemacht werden können.

Wie ihr selbst wisst, ist Atomkraft nicht die Energieform für die Zukunft, da sie im Moment für euch mehr Probleme als Nutzen bringt. Aber seid getrost, es wird eine Umbruchszeit kommen, und danach wird jeder von euch selbst seine Energie mit wenig Aufwand herstellen können und, was sehr wichtig ist, völlig ohne Umweltbelastung. Seid offen für Veränderungen und freut euch auf die Neue Zeit. Auch diese Fortschritte könnt ihr mit Visualisierungen unterstützen. Geht in die Meditation und empfangt die heilenden und energetisierenden Bilder, in die ihr euch ver-

senken und somit eine Beschleunigung des Fortschritts herbeiführen könnt.

In Liebe und Dankbarkeit,
Mephestos vom Energetischen Dienst

Unsere Fortbewegungsmittel zu Lande, zu Wasser und in der Luft kommen meist nur auf Grund von Verbrennung voran. Wie könnte das in Zukunft aussehen?

Es gibt längst andere Möglichkeiten der Fortbewegung, die zum Beispiel mit Magnetismus zusammenhängen. Aber so lange die Lobby der Ölmagnaten eine solche Macht hat, wird die Entwicklung anderer Fortbewegungsmöglichkeiten stark gebremst. Ihr könnt ebenso auf geistiger Ebene reisen, das ist jedem Menschen möglich, bedarf aber der Übung. Auch auf dem Gebiet der Fortbewegung werdet ihr in den nächsten Jahren große Fortschritte erzielen, geht freudig und positiv in die Zukunft, es wird sich alles zum Guten entwickeln, nur Mut und Vertrauen!

Mephestos vom Energetischen Dienst
steht euch gerne zu Diensten

Haben Bäume und Sträucher Gefühle? Sind Steine, Gewässer oder Seen Lebewesen?

Alles, was auf der Erde existiert, hat Gefühle, alles lebt und unterstützt euch auf dem Weg ins Licht. Leider nehmt ihr euch nur zu selten die Zeit, mit den anderen beseelten Wesen, die auf der Erde wirken, in Kontakt zu treten. Umarmt einen Baum, und ihr werdet seine pulsierende Energie und seine Liebe für euch wahrnehmen können. Selbst das kleinste Sandkorn ist auf der Erde, um euch bei eurem Weg ins Licht zu unterstützen. Dankt allen diesen Wesenheiten für ihre Hilfe, nehmt sie wahr und öffnet euch ihrer Energie. Verbindet euch zum Beispiel gedanklich mit einem Kristall, und ihr werdet erstaunt sein über seine Weisheit und die Möglichkeiten der Entwicklung, die euch daraus erwachsen.

In großer Liebe und Bewunderung, Metatron

Wie wichtig sind Tiere für die Ökologie des Planeten Erde?

Ohne die Existenz der Tiere wäre auch der Planet Erde kaum existenzfähig. Alles ist eine Einheit und gehört zusammen. Was wäre ein Konzert mit nur einem Ton oder ein Bild mit nur einer Farbe? Öde, – und so wäre auch die Erde ohne Tiere. Auch in der Ökologie sind die Tiere nicht wegzudenken, nehmt nur die Arbeit der Regenwürmer, der Käfer und der Ameisen, oder das Lied der Vögel im Frühling. Ohne all dieses wäre der Planet Erde verarmt und nahe dem Tod. Erkennt, dass auch der Planet Erde eine Wesenheit ist, nicht ein Ding. Mutter Erde trauert um jede Tierart, die ausstirbt, aber es bestehen immer wieder die Möglichkeiten der Erneuerung und Entwicklung. Öffnet euch und werdet gewahr, dass auch ihr ein Zahnrad im Uhrwerk der Funktion des Planeten Erde seid. Ehrt alles Leben auf der Erde, und, vor allen Dingen, ehrt eure Mutter Erde! Ihre unendliche Geduld mit euch Menschen und ihre ungeheure große Liebe zu euch! Kein Wesen vor euch hat ihr so große Wunden geschlagen, und trotzdem nährt sie euch ohne Unterlass. Betet für eure Mutter Erde und für alle Wesenheiten, die auf ihr wirken und leben.

In Liebe und großer Hoffnung, Erzengel Raphael

Wenn ich an die ölverpesteten Strände denke, kann ich mir kaum vorstellen, dass die Natur das wieder alleine in den Griff bekommt. Dann kommt es immer noch vor, dass verantwortungslose Mitbürger Ölabfälle, Lacke und Farben in die Natur kippen. Wie wirken sich die Verschmutzungen, die der Mensch verursacht, auf die Umwelt aus?

Die Verschmutzungen, die der Mensch verursacht, wirken sich sehr negativ auf die Umwelt aus. Wie du selbst gesagt hast, seid ihr dabei, die Welt zu vergiften. Ohne eure und unsere Hilfe und die Hilfe all der Wesenheiten, die auf der Erde wirken, wäre es der Erde erst in Jahrhunderten möglich, sich zu regenerieren. Aber mit aller Hilfe und der Einsicht der Menschen, die mit der Umweltver-

schmutzung aufhören müssen, wird uns das früher gelingen. Auch hier kann jeder mithelfen –, mit Visualisierungen und Gebeten.

Stellt euch die Welt als gesunden, sauberen, strahlenden Planeten vor und manifestiert diese Vorstellung im Hier und Jetzt. Nicht zweifeln, sondern eure Macht leben!

Gebet

Vater Mutter Gott, wir bitten dich,
dass unsere liebe Mutter Erde gesund wird an
Körper, Geist und Seele.
Schenke ihr Heilung auf allen Ebenen.

So ist es, und so sei es, in Liebe, Erzengel Raphael

Wie bekommen wir unsere Gewässer wieder sauber? Sind wir nicht machtlos gegenüber den großen Konzernen, die alles verpesten?

Nein, ihr seid niemals machtlos. Masuro Emoto hat mit seiner Forschung über die Kristallisation des Wassers weltbewegende Feststellungen gemacht, die es jedem Einzelnen ermöglichen, etwas zu tun. Besser wirken die Gebete allerdings, wenn ihr Gruppenarbeit macht.

Setzt euch in Gebetshaltung hin, faltet die Hände, geht in Andacht und Stille, und sprecht:

Wasser, wir lieben dich!
Wasser, wir danken dir!
Wasser, wir respektieren dich!
Wasser, wir ehren dich!

So könnt ihr Heilungsenergie über den ganzen Erdball an das Wasser senden. Dieses Gebet kann auch für die Erde gesprochen werden und wird auch dort seine Wirkung nicht verfehlen. Ebenso für die Luft oder alle anderen Elemente oder Wesenheiten, die ihr heilen wollt.

Viel Spaß bei der Arbeit, in Liebe, Hilarion

Wir sind abhängig von den Energiekonzernen, die uns mit Strom, Öl und Gas oder Wasser beliefern. Die Preise dafür steigen und steigen, wo bleibt die alternative Energiequelle für zu Hause?

Die alternative Energiequelle gibt es längst, sie liegt nur leider in den Schubladen irgendwelcher Funktionäre, die gerne mit der althergebrachten Energie ihren Gewinn machen wollen. Die preiswerten, für jeden einfach zu handhabenden Energiequellen sind da und werden sich nicht mehr lange im Verborgenen halten lassen. Hört nicht auf zu wünschen und zu visualisieren, und diese Energie wird sich überall auf der Erde manifestieren.

Ich liebe und danke euch für eure Arbeit.
Kryon vom Magnetischen Dienst

Haben diese Energien etwas mit Magnetismus zu tun?

Oh ja natürlich, richtig genutzt ergibt sich daraus eine umweltfreundliche Energiequelle, wartet es nur ab.

Ist die Art und Weise, wie wir Landwirtschaft betreiben, in Ordnung, oder gibt es eine bessere, effektivere Möglichkeit des Anbaus von Getreide, Obst und Gemüse?

Natürlich gibt es weit bessere Methoden als eure. In Zusammenarbeit mit den Devas, Gnomen und Elfen, wie das in „Findhorn" (Schottland) schon seit langer Zeit praktiziert wird, ist weit mehr zu erreichen als mit Profitgier und Ausbeutung von Mutter Erde. Geht auch bei dieser Arbeit in die Liebe, und ihr werdet problemlos genährt werden. Wir freuen uns auf den Kontakt mit euch.

Ich bin der Meister der Erdenwesen,
Devas, Zwerge, Elfen und Gnome.
Mein Name ist Egoros Majalis

Fragen zu Schule und Beruf

Unser Schulsystem scheint mir zu starr. Alle Kinder werden in ein System gepresst, bei dem es nur wenig Spielraum für Lehrer und Schüler gibt. Viele Kinder kommen damit nicht zurecht und versagen in ihren schulischen Leistungen. Sind Schulen wie Waldorf oder Montessori die Lösung?

Ja, tatsächlich ist euer Schulsystem zu starr, alle Kinder haben das gleiche Lernziel, und es wird nur wenig Rücksicht auf ihre Begabungen genommen. Waldorf- und Montessori-Schulen sind ein Ansatz zur Verbesserung, aber dennoch nicht die Lösung. Ihr müsst euer Lernsystem noch offener gestalten. Natürlich muss jedes Kind lesen, schreiben und rechnen lernen, aber dann sollte es seine Begabung ausleben dürfen, denn, sind wir einmal ehrlich, habt ihr nicht alle mindestens 80 Prozent von dem, was ihr in der Schule gelernt habt, im Leben nie wieder gebraucht? Aber dafür fehlt es an Unterweisungen in positivem Denken und sozialem Für- und Miteinander. In der Schule fängt der Konkurrenzkampf an, der absolut überflüssig ist. Es ist wichtig zu lernen, dass für alle Menschen die Fülle da ist und ihr nur offen und aufnahmebereit sein müsst, sie anzunehmen. Ihr müsst lernen, dass das, was ihr in eurem Leben tut und denkt, immer wieder zu euch zurückkommen wird. Dies sind die wirklich wichtigen Lernthemen, und ihr müsst lernen, eure Begabung und eure Lebensaufgabe zu finden. Das ist am allerwichtigsten. Wenn ihr euren Weg gefunden habt, werden euch Menschen begegnen, die für euch Vorbild und Meister sein können.

Aber seid getrost, auch das Schulsystem wird sich in Zukunft zum Besseren wenden, und keiner wird mehr auf die Idee kommen, alle Kinder, wie bei der Pisa-Studie, in einen Topf zu werfen. Auch hier könnt ihr mit euren Wünschen, Visualisierungen und positiven Gedanken sehr dazu beitragen, Fortschritte zu erzielen.

In Liebe und Zuversicht, Meister Serapis Bey

Meine Kinder haben in der Schule Schwierigkeiten mit dem Lernstoff. Nachhilfe und alles Pauken hilft ihnen nicht weiter. Wie kann ich meinen Kindern helfen?

Du kannst ihnen dabei helfen, indem du ihnen zeigst, dass es gar nicht so wichtig ist, wie ihre Noten in der Schule sind. Versuche ihnen klarzumachen, dass sie an erster Stelle an sich selbst glauben müssen. Außerdem ist es wichtig, wenn auch nicht immer einfach, das Positive in den Lehrern zu sehen. Auch sie tragen den Gottesfunken in sich und bemühen sich, ihr Bestes in eurem starren Schulsystem zu leisten, was wirklich nicht einfach ist. Darüber hinaus ist es sinnvoll, schon mit Schulanfängern die Konzentrationsübungen durchzuführen, die in der übernächsten Antwort beschrieben sind. Auf einen festen Rhythmus im Lebensablauf zu achten erleichtert auch oft den Lernerfolg. Aber am Wichtigsten ist es, die Freude am Lernen wieder zu wecken. Das geht leider nicht mit irgendwelchen vernünftigen Erklärungen, sondern eher aus dem Bauch heraus. Lasst ihr Eltern Licht und Liebe zu den Lehrern und in das gesamte Schulsystem fließen, und es wird sich einiges ändern. Unterstützt eure Kinder auch mit Bachblüten, das lässt die frustrierenden Erfahrungen der Vergangenheit verarbeiten und offen werden für Neues.

In Liebe, ich wünsche allen, Groß und Klein,
viel Spaß beim Lernen, Serapis Bey

Gibt es überhaupt hyperaktive Kinder? Und was ist von dieser Diagnose zu halten?

Ja, es gibt hyperaktive Kinder, denn das bedeutet, dass die Kinder überaktiv sind und in ihrem Bewegungsablauf nicht genügend gefordert werden. Es gehört nicht zum natürlichen Verhalten von Kindern, den ganzen Morgen still auf einem Stuhl zu sitzen, was sich für die meisten oder sehr viele von ihnen als totale Überforderung auf geistiger Ebene erweist.
Die so genannten hyperaktiven Kinder sind, wenn man es zulässt, sehr intelligent. Ihr Geist sprüht, so dass oft die Lehrer mit ihrer Geschwindigkeit nicht mithalten können. Es ist an der Zeit, das Bildungssystem umzustellen, Bewegungsabläufe in den Unterreicht einzubauen und die Kinder einzeln besser zu fördern. Öffnet euch auch neuen Lerninhalten, denn nicht das alte, verstaubte Wissen

ist es, was in der Neuen Zeit gefordert wird, sondern das Erkennen der Möglichkeiten jedes Einzelnen und seiner individuellen Fähigkeiten. Jeder ist etwas ganz Besonderes, hat seine eigenen Talente und seinen eigenen Weg, den er gehen muss. Deshalb ist es auch so schwierig, 30 Kinder oder mehr gleichzeitig „in einen Sack zu packen". Lobt eure Kinder für alle Fortschritte, die sie machen, denn die Übergangszeit, in die sie hineingeboren sind, ist keine leichte Zeit. Ihre Seelen wissen so viel, aber die Umsetzung im täglichen Leben ist sehr schwer. Liebe ist, wie überall, auch hier die Lösung.

In Liebe, Erzengel Haniel

Wie können Eltern ihren Kindern helfen, wenn diese sich in der Schule nicht konzentrieren können?

Es gibt eine ganz einfache Konzentrationsübung: Hängt euren Kindern ein Bild an die Decke oder an die Wand, auf dem ein 1 cm großer schwarzer Punkt zu sehen ist. Übt mit ihnen jeden Abend nach dem Einschlafritual, sich auf diesen Punkt zu konzentrieren und die Gedanken nicht abschweifen zu lassen. Das wird ihre Konzentrationsfähigkeit extrem steigern.

Ihr könnt auch einige körperliche Übungen machen, die ihr in „Braingym" (siehe Buchempfehlung im Anhang) findet. Das sind Über-Kreuz- und andere körperliche Übungen, die auch den Eltern gut tun. Übt gemeinsam, und ihr werdet Spaß und Freude finden und eure Konzentration verbessern.

In Liebe und viel Spaß beim Üben, Erzengel Haniel

Jugendliche müssen sich schon früh für eine berufliche Laufbahn entscheiden, oft sind sie sich über ihre Ziele nicht im Klaren. Gerne würde ich meinen Kindern bei der Berufswahl helfen, aber wie?

Es ist sehr schön, dass du dich um deine Kinder sorgst, aber vollkommen unnötig. Halte ihnen den Rücken frei und vertraue auf die geistige Führung, denn auch deine Kinder werden geführt, glaube es ruhig. Lasse los und vertraue, das ist das Beste, was du deinen Kindern mitgeben kannst. Lehre auch sie, Vertrauen zu haben, und es wird das Richtige für sie zum richtigen Zeitpunkt „zufällig" da sein. Sie werden ihren Weg erkennen und mit Freude gehen. Alle Segnungen des Universums stehen euch offen. Nehmt sie an!

In Liebe, Kuthumi, der Weltenlehrer

Warum sind die Menschen im Berufsleben nicht offen für konstruktive Kritik? Stattdessen schotten sie sich ab und schalten lieber auf stur.

Weil auch konstruktive Kritik verletzen kann und die Menschen es gewohnt sind, dass Kritik etwas Negatives ist. Wie wäre es denn stattdessen mit Lob für die positiven Seiten und Verbesserungsvorschlägen anstelle von konstruktiver Kritik? In dieser Verpackung ist das Neue, was ja meist zuerst einmal in Frage gestellt wird, leichter anzunehmen und zu verwirklichen. Außerdem schickt euren Kollegen anstelle von Kritik lieber positive Schwingungen in Form von Licht und Liebe. Ihr werdet sehen, dass ihr damit weitaus mehr erreichen könnt als mit Kritik, möge sie auch noch so gut gemeint sein.

In Liebe, Erzengel Haniel

Warum spielen die Menschen ihre Macht oder Überlegenheit im Beruf gegenüber Lehrlingen oder weniger ausgebildeten Kollegen aus, anstatt diese zu fördern und Wissen zu vermitteln?

Dieses Verlangen nach Macht hängt wieder mit dem Ego des Menschen zusammen. Wenn er einmal in der Position ist, über andere zu herrschen und Macht auszuüben, fällt es ihm oft sehr schwer, sein Ego zurückzustellen und in Liebe zu handeln. Nur in Liebe und dem Wissen, dass alle Menschen den göttlichen Funken in sich tragen, habt ihr die Möglichkeit, einen Menschen wachsen zu lassen. Auch Schüler und Lehrlinge brauchen diese Liebe, um mit Freude lernen zu können und im Beruf Erfolg zu haben.

Der Lehrling, der nur putzen darf oder Aushilfsarbeiten leisten muss, ohne in die eigentliche Tätigkeit eingewiesen zu werden, die ihn interessiert und die er lernen will, verliert oft die Lust am zukünftigen Beruf. Gebt euch daher bitte Mühe, die Lehrlinge oder Azubis, wie ihr sie nennt, liebevoll in ihre künftige Tätigkeit einzuführen und bringt ihnen die wichtigsten Aspekte ihres Berufes bei, lehrt sie aber auch die sozialen Aspekte, mit Liebe und Aufmerksamkeit ihren Kollegen gegenüber zu handeln, denn die Lehrlinge von heute sind die Ausbilder von morgen.

In Liebe und dem Wissen,
dass ihr alles zum Guten wenden werdet,
Erzengel Raphael

Mein Beruf macht mir keinen Spaß mehr. Gerne würde ich etwas anderes machen, aber ich brauche das sichere Einkommen. Was kann ich tun?

Ich weiß, es wäre jetzt leicht gesagt: „Vertraue, verlasse deine Arbeit und suche dir das für dich Richtige" (obwohl auch dieser rein spirituelle Weg funktioniert).
Ich rate dir, dir darüber klar zu werden, was für dich das Richtige ist. Wenn du es selbst nicht weißt, frage dein Höheres Selbst. Und wenn du es weißt, visualisiere deine neue Arbeitsstelle, die ein wundervolles, ausreichendes Einkommen bringt. Fühle, wie es ist, wenn du nach deinem befriedigenden Arbeitstag an deinem neuen Arbeits-

platz abends nach Hause kommst und mit dir und deinem
Leben zufrieden bist. Du wirst stauen, was dann passiert.
Es werden sich ungeahnte Möglichkeiten ergeben.

In Liebe, Erzengel Uriel, der Wunscherfüllungsengel

Bei der Pflege von Patienten richtet sich alles nur noch
nach Zeit und Geld und nicht mehr nach den Bedürfnis-
sen des Einzelnen. Für das persönliche Gespräch und die
liebevolle Pflege bleibt meist zu wenig Zeit. Der soziale
Aspekt wird vollkommen in den Hintergrund gedrängt. Wie
kommen wir aus diesem Dilemma in den Pflegeberufen
heraus?

Indem ihr die Liebe und nicht das Geld in den Vorder-
grund stellt. Selbst wenn tagsüber für das Behandeln und
das Gespräch sehr wenig Zeit bleibt, hindert euch nichts
daran, euch nach eurem Dienstende täglich eine kurze Zeit
um eine einzelne Person zu kümmern. Wenn das jeder tut,
kann man schon sehr viel ändern, denn gerade in diesen
Berufen sollte man mit Liebe an seine Arbeit gehen und
sich keinesfalls durch den materiellen Aspekt ausbremsen
lassen. Da ihr ja inzwischen wisst, dass alles, was man
gibt, zu einem zurückkommt, könnt ihr euch darauf freu-
en, dass auch euch in schlechten Zeiten, wenn ihr euch
alleine gelassen fühlt, mit Sicherheit Hilfe gegeben wird.
Ihr dürft diese Tätigkeit am Menschen nicht zu eng se-
hen, sondern als Dienen, indem ihr euch über eure eigene

Größe hinaus erhebt und nicht nur nach dem materiellen Gewinn schaut. Segnet eure Arbeitgeber und den Staat, schickt ihnen Licht und Liebe und lasst sie erkennen, dass gerade die Aufgaben am Menschen die wichtigsten und kostbarsten aller Aufgaben sind. Und wünscht ihnen die Weisheit, euren Einsatz auch auf materieller Ebene gebührend zu entlohnen. Sollte dies noch nicht der Fall sein, begebt euch nicht in die Enge des Haderns, sondern öffnet euch den Segnungen des Universums, und ihr könnt gewiss sein, dass der Lohn euch zufließen wird, – wenn vielleicht auch auf anderem Wege, als ihr erwartet.

In großer Dankbarkeit für euer Werk an den Menschen bitten wir euch darum, Licht zu verbreiten, – sowohl unter Kindern als auch unter Alten und Pflegebedürftigen.

In froher Erwartung eures Erfolgs
auf der menschlichen Ebene,
die Weiße Bruderschaft

Sei dein eigenes Licht,
so kannst du
jeden Raum erhellen

(Eva Maria Sendel)

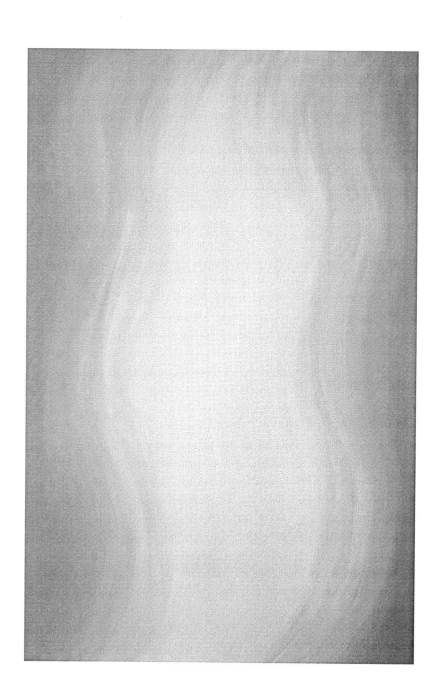

Fragen zur Spiritualität

Ich wünsche mir Hilfe in einer schwierigen Lebenssituation von Gott oder den Engeln. Wie sieht solch eine Hilfe aus, wie spüre ich das?

Bitte in dieser Lebenssituation Gott, die Engel und deine geistigen Führer um Hilfe und vertraue ihnen und habe Geduld. Oft ist es gut, diese Bitte schriftlich festzuhalten. Außerdem ist es wichtig, nur zum Wohle aller um etwas bitten. Wie die Hilfe aussieht, kann ganz unterschiedlich sein. Vielleicht triffst du bestimmte Menschen; hast eine neue Idee; den Mut, etwas völlig Neues zu beginnen. Es gibt Millionen verschiedene Möglichkeiten, aber es muss nicht immer die sein, die du dir ausgemalt hast. Wenn du nach einiger Zeit auf deinen Lebensweg zurückblickst, wirst du erkennen, dass gerade diese schwierigen Lebenssituationen für dich die größten Fortschritte in deinem Leben gebracht haben. Vertraue und gehe achtsam voran, – und du wirst erkennen, worin die Hilfe besteht.

In Liebe, die Gemeinschaft der Weißen Bruderschaft

Wo fängt die Inkarnation einer Menschenseele an, über Pflanzen und Tiere, oder direkt als Mensch?

Eine Menschenseele hat alle Ebenen des Seins auf der Erde durchlebt, – von Sandkorn, Kristall, Pflanze, Tier bis hin zum Menschen, ohne all die Inkarnationen, die ihr sonst im Universum zu Schulungszwecken durchlaufen habt. Zwischendurch kommt ihr immer wieder zurück zur Quelle, bis ihr, aufgetankt mit Energie, wieder neuen Taten entgegenschreitet. Oft dürft ihr auch ein gewisses Wissen um die Einheit behalten, und so kommt ihr euch nicht so verlassen vor wie als Mensch. Als Mensch habt ihr bis jetzt die meisten Schleier zwischen euch und der geistigen Ebene gehabt, was jetzt, in dieser wundervollen Neuen Zeit, nicht mehr nötig ist, denn ihr steigt auf vom Dunkel zum Licht. Durch eure eigene Arbeit habt ihr diese Fortschritte erreicht.

Wir lieben euch und bewundern euch
in eurem Glanz und eurer Stärke,
die Gemeinschaft der Weißen Bruderschaft

Derzeit liest und hört man immer wieder von einer Erhöhung der Schwingung, oft auch im Zusammenhang mit dem Jahr 2012. Könnt ihr erklären, was da vor sich geht?

Die Erde ist der Planet, der am tiefsten in die Materie eingetaucht ist, weit ab von der Verbindung mit dem Geist Gottes musstet ihr euren Weg gehen. Aber durch Menschen wie Jesus Christus, Buddha und viele andere wurde die Verbindung zum Geistigen wieder deutlich gemacht. (Sie hat natürlich für den Menschen unbewusst jederzeit bestanden.) Durch diese Licht- und Liebesfun-

ken, die diese Seelen in die Welt gebracht haben, sind einige Menschen „aufgewacht" und haben erkannt, dass es weit mehr gibt als nur die materielle Seite der Dinge und mit Licht und Liebe mehr erreicht werden kann als durch alles andere. Aber erst in den letzten Jahren sind immer mehr Menschen zum Geistigen erwacht und haben endlich die Samen, die seinerzeit gesät wurden, zur Blüte gebracht. Die kritische Masse ist erreicht, und jetzt geschieht das, was ihr Schneeballprinzip nennt. In rasender Geschwindigkeit breitet sich das Licht der Erkenntnis über die Welt aus, und die Schwingungen, sowohl der Erde als auch der Menschen, erhöhen sich. Immer mehr Menschen kontrollieren zum Beispiel ihre Gedanken und gebieten den niedrigen Schwingungen der negativen Gedanken Einhalt. Sie lassen nur noch die positiven, vertrauensvollen Gedanken zu, was sich sehr positiv auf die gesamte Schwingung des Erdballs auswirkt. All die Lichtarbeit, die rund um die Erde geleistet wird, findet ihren Niederschlag auch im Morphogenetischen Feld der Erde und trägt auf diese Weise ebenso zur Schwingungserhöhung bei. Das mit der Schwingungserhöhung könnt ihr euch vorstellen wie mit Schulden auf der Bank: Je mehr Schulden ihr habt, desto schwieriger ist es, die Summe abzutragen. Je mehr ihr aber abgezahlt habt, umso leichter wird es, den Rest der Schulden zu tilgen - und schwupp wird es ganz leicht, und sie sind weg. (Ein sehr materielles Beispiel!)

Die Schwingungserhöhung wirkt sich jedoch nicht nur auf die Erde aus, sondern auf das gesamte Universum. Ihr *könnt euch das so vorstellen: Alle Planeten des gesamten Universums sind auf einer Gummimatte befestigt. Je tiefer die Schwingung jedes Planeten ist, desto tiefer wird die Beule im Gummi, und irgendwann werden alle mit heruntergezogen. Bevor das jedoch geschehen ist, seid ihr umgekehrt. Die Erde wird immer leichter, die Beule immer kleiner, was auch den anderen Planeten den Aufstieg erleichtert. „Alles ist Schwingung, und alles hängt zusammen." Was das Jahr 2012 betrifft, können wir uns nicht festlegen, es kommt darauf an, wie eure Arbeit vorangeht, vielleicht dauert es etwas länger, vielleicht kommt der Aufstieg auch etwas früher. Auf jeden Fall werdet ihr es erleben. Freut euch darauf.*

In Liebe, die Weiße Bruderschaft

Wie merke ich, dass die Schwingung sich erhöht hat und ob ich mit ihr schwinge? Was kann ich tun, um mich der Schwingung anzupassen?

Die Schwingung erhöht sich unmerklich Tag für Tag und Stunde um Stunde, aber in solchen geringen Dosen, dass es für alle ohne Gefahr möglich ist, sich anzupassen. Je mehr du allerdings bewusst an dir arbeitest, meditierst oder positive Gedanken aussendest oder auch positive Ereignisse visualisierst, desto mehr bist du daran beteiligt, die Schwingung zu erhöhen, nicht nur deine eigene, sondern die der ganzen Welt. Denke an die Kreise, die ein Stein im Wasser erzeugt, ebenso kannst du mit deinen

Gedanken positive Schwingungen kreieren, die die Frequenz der gesamten Erde erhöhen.

Du passt dich ganz automatisch der Schwingung an und brauchst dafür nichts Besonderes zu tun.

Nur Menschen, die in Hass und Zorn leben, können ihre Schwingungen nicht anpassen, denn sie tragen einen dunklen Mantel um sich. Aber auch das ist kein Problem: Sie dürfen weiter auf der niedrigen Schwingungsebene bleiben und ihre Schulung weiterführen, denn es ist auch hier nie zu spät, etwas dazuzulernen.

Wenn ihr in Liebe und mit Liebe und Dankbarkeit lebt, schwebt ihr auf sehr hohem Frequenzbereich und werdet den Aufstieg fast unbemerkt und mit Leichtigkeit meistern, gleich einer Feder im Aufwind.

In Liebe und Hochachtung, Erzengel Michael

Was soll ich hier tun? Was ist mein Schicksal?

Wenn du die Antwort nicht weißt, gibt es mehrere Möglichkeiten.

Erstens: Nimm Verbindung auf zu deinem Höheren Selbst. Es weiß genau, was du dir in diesem Leben vorgenommen hast.

Zweitens: Die einfachste Möglichkeit, Antworten zu erhalten, ist regelmäßiges Meditieren und Achtsamwerden, denn das Leben gibt euch ständig Fingerzeige, die ihr nur erkennen müsst.

Dies sind Wege, die ihr aus eigener Kraft gehen könnt. Wenn ihr euch lieber von einem Medium helfen lassen wollt, ist das auch in Ordnung. Aber seid achtsam und nehmt nur das an, was sich für euch richtig anfühlt. Auf jeden Fall ist es wichtig, den Kontakt zu eurem Höheren Selbst zu suchen und zu pflegen. Und noch eins: Nicht der leichteste Weg ist immer der beste.

In Liebe und Hochachtung, Erzengel Michael

Warum bin ich nicht glücklicher und zufriedener als andere Menschen, obwohl ich mir viel mehr Dingen bewusst bin als die Masse der Menschheit?

Darüber wundern wir uns manchmal auch, obwohl du so vieles weißt und dir vollkommen klar ist, dass du der Geistigen Welt vertrauen kannst und wir immer für dich da sind. Und dennoch kannst du es oft nicht lassen zu kämpfen. Loslassen ist die Lösung. Wenn du etwas erzwingen willst, rückt es nur weiter von dir weg. Erst wenn du loslässt, erreichst du deine Ziele mühelos, und viele andere positive Dinge werden in deinem Leben geschehen. Du weiß viel, aber nicht Wissen macht die Leichtigkeit aus, sondern danach zu handeln.

In Liebe, deine geistige Führung

Es gibt das Sprichwort „Jemanden einen Spiegel vor-
halten", aber wer hält wem den Spiegel vor? Sind alle Lebenssituationen Lernlektionen, und warum muss ich diese
überhaupt bekommen?

*Du musst keine Lernlektionen bekommen, sondern du
willst sie bekommen, weil du dir für deine Lebensreise viel
vorgenommen hast. Die Menschen, die dir nahe stehen,
stellen dir oft Aufgaben, an denen du wachsen darfst. Viele
davon halten dir einen Spiegel vor, damit du darin erkennen kannst, was du an deinem Verhalten noch verbessern
kannst, um deiner wahren Meisterschaft immer näherzukommen. Nicht jede Lebenssituation ist eine Lernlektion
für dich, denn manchmal bist auch du der Aufgabensteller
für die anderen. Das wechselt häufig.*

*Seht es als Spiel an. Ist es nicht schön, dass ihr euch
gegenseitig immer wieder neue Aufgaben stellt, um daran
zu wachsen? Wir alle erfreuen uns an diesem eurem Spiel
und eurem Wachstum. Bald steigt ihr weiter auf, und unsere Verbindung wird immer intensiver werden.*

In Liebe, die Weiße Bruderschaft

Was bedeutet es, „erleuchtet" zu sein?

*Erleuchtet zu sein heißt, in der Einheit mit Allem-was-
ist zu sein. Es bedeutet, bedingungslose Liebe für alle und
alles zu empfinden, egal was geschieht. Es bedeutet, die*

Erkenntnis in sich zu tragen, dass alles eins ist, und entsprechend zu handeln. Wie Jesus sagte: „Was ihr dem Geringsten meiner Brüder getan habt, das habt ihr mir getan" oder „Wenn einer euch auf die eine Wange schlägt, dann haltet ihm auch die andere hin!", denn das zeigt euch, er hat erkannt, worum es geht. Er hat euch an seinem Wissen Teil haben lassen. Lebt nach diesem Wissen, und ihr werdet der Erleuchtung einen Schritt näherkommen. Wahre Erleuchtung zu erreichen heißt schließlich, in die Einheit zurückzukehren und dort als Aufgestiegener Meister zu dienen, so, wie viele es schon tun.

In Liebe, die Weiße Bruderschaft

Wie können wir die Erleuchtung erlangen?

Betet und meditiert und lebt euer Leben in Liebe und Verantwortung. Denkt bei euren Taten auch an die anderen und die Auswirkung dessen, was ihr tut, auf das große Ganze. Lebt euer Leben ehrlich und geradlinig, und lebt die bedingungslose Liebe! Liebe ist der Urgrund allen Seins! Liebe ist Gott, und ihr seid göttlichen Ursprungs. Kehrt zurück in die Liebe.

Denn, wie ihr wisst, ist alles eins!

In Liebe und froher Erwartung eurer Erleuchtung,
Gautama Buddha

Ausspruch Gautama Buddhas während seines Lebens auf Erden:

„Es ist größer, während fünf Minuten die wahre, göttliche Liebe auszudrücken, als tausend Schalen Reis den Bedürftigen zu geben, denn durch die Liebe hilft man jeder Seele im Universum."

Wie viele Menschen auf der Erde haben bereits die Erleuchtung erlangt?

Noch sind es nicht sehr viele unter den Lebenden, welche die Erleuchtung erreicht haben, wie damals Jesus oder Buddha. Aber viele sind auf dem Weg dahin (eigentlich alle, aber einige brauchen noch einige weitere Leben dazu). Alle, die erwacht sind, arbeiten daran, ihr Licht immer mehr leuchten zu lassen und in die Welt zu bringen. (Wie ihr es auch mit diesem Buch und eurer ganzen Lebensweise tut.) Bis zur Erleuchtung ist es aber noch ein Stück des Weges.

In Liebe und froher Erwartung eurer Erleuchtung,
Gautama Buddha

Es heißt, wir suchen uns selbst die Inkarnationen aus. Ich kann mir nur schwer vorstellen, dass ich mir ein Leben im westlichen Wohlstand ausgesucht habe. So viele Menschen leiden Hunger und leben in Armut.

Wo ist meine Verantwortung dabei?

Was findest du schlecht daran, im Wohlstand zu le-
ben? Die Erfahrung von Armut und Hunger hast du schon
1000fach gemacht. Nun bist du hier geboren mit dem Ziel,
nicht mehr ums Überleben kämpfen zu müssen, sondern
am Aufstieg mitzuarbeiten. Keiner hindert dich daran,
trotzdem deine Verantwortung für Alles-was-ist zu über-
nehmen. Wie es Buddha während seines Lebens ausge-
drückt hat: „Drücke täglich fünf Minuten wahre Liebe aus",
und du hast sehr viel für die Welt und alle Wesen im Uni-
versum getan.

Wie drücke ich wahre Liebe aus?

Gehe in die Stille und sende aus deinem Herzchakra
einen roten Liebesstrahl. Zuerst in deine Aura, dann sen-
de dieses Licht Stück für Stück weiter aus. In dein Haus,
um deine Familie herum, um den Ort, in dem du lebst, um
das Land, in dem du lebst, über die ganze Welt. Lege eine
wundervolle rote Lichthülle um die Erde herum und lasse
schließlich das rote Licht der bedingungslosen Liebe und
Annahme ins Universum strahlen. Diese Visualisierung,
täglich durchgeführt, bewirkt mehr als die besagten tau-
send Schalen Reis.

In Liebe, der Weltenführer Sanat Kumara

Haben Tiere auch eine Seele? Werden sie wieder geboren?

Ja, auch Tiere haben eine Seele. Sieh deinem Hund oder einem anderen Tier in die Augen, und du wirst es wissen und selbst spüren, dass Tiere eine Seele haben.

In gewisser Weise sind Tiere weiter entwickelt als der Mensch, denn für sie ist bedingungslose Liebe kein so schwieriges Unterfangen wie für euch Menschen. Allerdings ist die Tierseele noch mit allen anderen Seelen ihrer Gattung eng verbunden (noch näher an der Einheit als der Mensch). Deshalb ist es für die Tiere auch nicht so schwierig wie für euch, die bedingungslose Liebe zu leben.

Die Aufgabe der Seele, die in einem Menschen wohnt, ist es, von sich aus in die Einheit und in die Liebe zurückzufinden. Tiere vertrauen immer auf Gott, sie leben im Hier und Jetzt, sie trauern nicht der Vergangenheit nach oder fürchten die Zukunft. Sie folgen ihren Instinkten und leben sehr gut damit.

Wie Jesus schon sagte: „Seht die Vögel auf dem Feld. Sie sähen nicht, sie ernten nicht, und unser Vater im Himmel ernährt sie doch."

Stück für Stück arbeitet sich eine Seele durch alle Erfahrungen des Universums, also werden auch Tiere wieder geboren. Natürlich!

Allerdings ist es nicht so, dass der Mensch, wenn er etwas falsch gemacht hat, wieder als Tier inkarnieren muss. Glaubt es endlich! Gott straft nicht, er ist die Liebe! Jeder Mensch hat jede Stufe des Seins auf der Seelenebene schon durchlebt, hört in euch hinein, und ihr werdet es wissen.

In Liebe, die Gemeinschaft der Weißen Bruderschaft

Wie visualisiere ich, wenn ich bei der Heilung eines Menschen Unterstützung leisten will, die „makellose Vorstellung" des Menschen?

Diese Visualisierung ist ganz einfach und mit etwas Übung und Vertrauen sehr wirkungsvoll. Du stellst dir ein vollkommen gesundes, neugeborenes Baby vor, das in all seiner Reinheit und göttlichem Glanz auf einem weichen Fell liegt. Es ist umgeben von einer Aura strahlend weißen Lichtes, das jede einzelne Zelle seines Körpers durchströmt. Vollkommen perfekt und im Bewusstsein seiner Göttlichkeit. So lange es dir möglich ist, halte an diesem Bild fest und nenne dreimal Vor- und Zunamen deines Schützlings und sage dann: „Alle deine Zellen und auch deine Seele erinnern sich an ihre ursprüngliche Vollkommenheit und kehren jetzt in diesen Zustand zurück."

Danke Gott und allen seinen himmlischen Helfern für ihre Hilfe bei der Heilung und freue dich an deinem Erfolg.

Handle auf diese Weise, und du wirst Wunder erfahren.

In Liebe, Hilarion

Kann ich über längere Zeit den gleichen Edelstein tragen, oder soll ich ab und zu wechseln?

Es ist vollkommen in Ordnung, zur Behandlung von chronischen Beschwerden oder konstitutionell über lange Zeit den gleichen Stein zu tragen. Man darf aber auch ruhig für akute Beschwerden andere Steine zusätzlich einsetzen.

Es gibt keine Steinenergieen, die sich gegenseitig negativ beeinflussen. Deshalb könnt ihr ohne Bedenken herumprobieren und schauen, was euch GUT tut.

Viel Spaß beim Experimentieren, Amethyst

Meine Katze legt sich immer bei mir auf die gleiche Körperstelle. Hat das etwas zu bedeuten?

Katzen spüren ganz deutlich gestörte Schwingungen und sind in der Lage, ausgleichend auf sie einzuwirken. So auch bei deinem Körper. Erlaube deiner Katze ruhig, sich immer wieder auf die gleiche Stelle zu legen, denn sie bringt dir Ausgleich und Harmonisierung. Darüber hinaus darfst du auch ruhig selbst an jener Stelle arbeiten. Lasse Energie hineinfließen, und du wirst in Harmonie sein.

In Liebe, Erzengel Raphael, zuständig für die Gesundheit

Ich habe gelesen, es sind Bestrebungen im Gange, die Erdachse aufzurichten. Was bringt uns das, und wie können wir diesen Prozess unterstützen?

Die Erdachse soll aufgerichtet werden, um das Klima in der Welt gemäßigter zu machen. Wenn die Erdachse aufgerichtet ist, wird auf allen Kontinenten ein mildes Klima herrschen, ähnlich dem Mittelmeerklima, was den Menschen zum Beispiel in Afrika, aber auch in allen anderen Gebieten mit extremem Klima sehr zugute kommt. Niemand wird mehr hungern müssen auf eurer schönen Welt. Überall werden wieder Überfluss und Fülle herrschen, was natürlich auch nach sich zieht, dass die Menschen keinen Anlass mehr dazu haben, ihr Geburtsland zu verlassen, um anderswo ihr Auskommen zu finden. Dann werden die Menschen über den Globus reisen, um ihre Erfahrungen auszutauschen, ihre Kulturen vorzustellen und andere Völker kennenzulernen. Neid, Eifersucht und Überlebenskampf werden ein Ende haben und Liebe, Fülle und Miteinander auf der Erde Einzug halten. Wenn euch dieses Ziel erstrebenswert erscheint, dann könnt ihr mit dazu beitragen, dass die Aufrichtung schneller vonstatten geht, mit folgender

Visualisierung

Die beste Zeit für diese Visualisierung ist 12 Uhr mittags, aber es ist besser, sie zu einer anderen Stunde zu machen als gar nicht.

Stelle dir einen hellen, wundervollen Lichtstrahl vor, der von der Urzentralsonne ausgeht und eure Erde entlang ihrer Achse durchstrahlt und durchlichtet. Nun zieht diese Sonne ganz langsam durch das Universum und richtet ganz sanft die Erdachse nach oben auf.

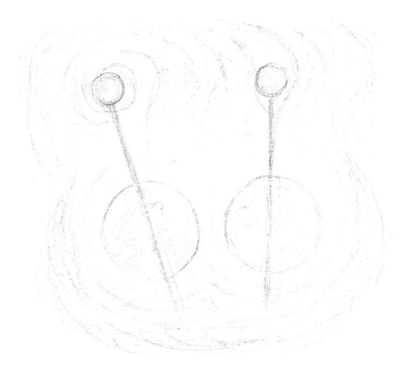

Durch diese Visualisierung kannst du die Aufrichtung beschleunigen. Außerdem kannst du auch noch alle Engel und Geistwesen, die in der entsprechend hohen Schwingung sind, um Hilfe bitten: „Ich bitte alle Engel und geistigen Wesenheiten, die in den allerhöchsten Schwingungsebenen sind, mir dabei zu helfen, die Erdachse in sanfter

Art und Weise aufzurichten, so dass es allen Bewohner des Planeten Erde zugute kommt."

Wir freuen uns über jeden, der bereit ist, uns bei dieser wundervollen Aufgabe zu helfen, und segnen euer Tun.

In Liebe, die Heerscharen der himmlichen Helfer

Wie unterscheide ich zwischen Gefühl, Impuls und Innerer Stimme?

Gefühl und Impuls werden meist von deinem Hohen Selbst geschickt, sofern sie positiv sind, daran kannst du sehr gut unterscheiden woher sie kommen. Deine Innere Stimme wird niemals etwas Negatives über jemand anderen äußern. Gefühle wie Wut, Zorn oder Angst kommen nicht von höherer Ebene, und auch der Impuls, jemanden zu schlagen oder Ähnliches, ist lediglich von deinem Ego ausgelöst. Gefühle der Liebe und der Stärke kommen immer aus deinem inneren Wissen. Impulse, etwas zu tun, einen bestimmten Weg zu gehen, einen bestimmten Menschen zu treffen, einen bestimmten Menschen einzustellen, sind geführte Impulse und dürfen getrost angenommen werden. Sie gründen in deiner inneren Weisheit, in deinem Hohen Selbst. Vertraue auf deine Innere Stimme, sie kann dich wahrhaft leiten und führen. Es ist nicht nötig, zwischen Gefühl, Impuls und Innerer Stimme zu unterscheiden, sondern zwischen Gefühlen, die vom Ego erzeugt werden, Impulsen und von Zeichen, die von deiner inneren Weisheit

kommen. *Mit etwas Übung ist das sehr gut zu unterschei-*
den. Frage dich immer: „Schadet dieses Gefühl oder die-
ser Impuls irgend jemandem?" Dann lasse es oder ihn los.
Wenn er oder es positiv ist und für alle gut, dann freue dich
darüber und nimm deine Führung dankbar an.

In Liebe, dein geistiger Führer, Hilarion.

Warum stellen wir uns eigentlich immer diese Fragen und wissen nicht einfach? Muss ich mir das in diesem Leben erworbene Wissen im nächsten Leben wieder mühsam erarbeiten?

Weil der Schleier zwischen den Welten noch zu dicht gewebt ist, könnt ihr nicht einfach wissen, noch nicht! In euren zukünftigen Leben wird es keine Schleier mehr geben, ihr werdet jederzeit in Verbindung mit dem Göttlichen in euch sein und jederzeit alles wissen, was von euch und von allen Wesenheiten jemals in Erfahrung gebracht wurde. Das heißt, ihr werdet vollen Zugang zur Akasha Chronik haben. Im nächsten und in jedem folgenden Leben wird eure Entwicklung soweit vorangeschritten sein, dass es keines Schleiers mehr bedarf. Im Moment dient er euch noch zum Schutz, nicht als Prüfung oder um euch hinzuhalten, wie ihr manchmal denkt. Aber es erfordert ein sehr hohes Maß an Stärke und Verantwortung, alles Wissen, auch das über alle eure früheren Leben, frei zugänglich zu haben, und das würde euch im Moment noch überfordern. Seid dankbar für die Schleier, die euch schützen, und freut euch auf die Zukunft, wo Schleier nicht mehr notwendig sein werden.

In Liebe und Hochachtung, Erzengel Haniel

Was ist Zeit?

Zeit ist eine Illusion, die hier auf der Erde schwingt, um euch eine Linie zu ermöglichen, an der ihr euch festhalten könnt. Euch vorzustellen, dass alles gleichzeitig geschieht, ist sehr schwierig für euch und fast nicht machbar. Ihr braucht die Krücke der Zeit, um euch orientieren zu können. Sie ist wie ein Kompass, der einem Wanderer den Weg zeigt. Wenn du den Weg kennst, brauchst du keinen Kompass mehr. In der nächsten Dimension wird die Zeit überflüssig werden, ihr werdet gelernt haben, im Jetzt zu leben und trotzdem zu wissen, dass alles, was ihr im Jetzt tut und denkt, seine Auswirkungen haben wird. Stellt euch einen Gedanken oder eine Tat vor wie einen Stein, den ihr ins Wasser werft, und bedenkt immer die Kreise, die er dann zieht, und die ungeheure Ausdehnung und Auswirkung, die er erreicht, und zwar jetzt. Ich weiß, die Vorstellung, dass es eigentlich keine Zeit gibt, übersteigt im Moment euren Horizont, aber seid euch bewusst, hinter dem Horizont geht es weiter!

*In Liebe und großer Freude über euer Tun,
Solara, Hüterin von Raum und Zeit*

Wie nehme ich Verbindung zu meinem Hohen Selbst auf?

In Gedanken. Du wirst merken, je mehr Übung du darin hast, umso leichter gelingt es dir, die Verbindung herzustellen. Wenn du noch am Anfang des Erwachens stehst, wird es dir am leichtesten fallen, über Meditation und Atmung deine eigenen Gedanken zur Ruhe zu bringen, um die Verbindung zu deinem Hohen Selbst herstellen zu können. Dann wirst du Gedanken empfangen, die dir neu sind und die dir oft die Antwort auf deine Fragen und Lösungen für deine Probleme bringen werden. Manchmal kommt die Lösung auch im Schlaf. Werde offen und feinfühlig für solche Gedanken und tue sie nicht als Hirngespinste oder Zufallstreffer ab, sondern danke deinem Hohen Selbst für seine Führung.

Wenn du schon weitergegangen bist auf dem Weg des Erwachens, reicht es oft, dich zur Ruhe zu bringen, gedanklich deine Frage zu stellen und dich dann auf Empfang einzustellen. Sei aber nicht traurig, wenn es nicht immer sofort funktioniert. Vielleicht sollst du dir erst einmal selbst Gedanken machen und in Eigenverantwortung handeln, denn auch das ist wichtig und notwendig. Trotzdem bist du immer behütet und geführt. Wenn du auf einen völlig falschen Weg gerätst, erhältst du genügend Zeichen und „zufällige" Ereignisse geschickt, um wieder zurückzufinden. Wenn auch dieses nicht fruchtet, stellt sich dein Körper dir als Helfer zur Verfügung und wird krank. Einfacher ist es aber auf jeden Fall, deine Sensibilität zu schulen und den Kanal zum Hohen Selbst offen zu halten.

In Liebe, Erzengel Gabriel

Was soll ich hier auf der Erde, was ist der Sinn und Zweck meines Daseins?

Das ist eine Frage, die sich die Menschheit schon seit einigen Generationen stellt, und jetzt sollt ihr eine Antwort darauf bekommen.

Ihr seid hier, weil ihr schon vor sehr langer Zeit beschlossen habt, der Erde in dieser für alle schwierigen Zeit bei ihrem Aufstieg zu helfen. Das heißt, ihr seid dabei, die Atmosphäre der Welt lichter und leichter zu gestalten, so dass es ihr leichter möglich ist, die nächste Stufe zum Aufstieg zu gehen. Was dann wieder bewirkt, dass es auch den Menschen auf diesem Planeten besser geht und wiederum die Möglichkeit besteht, die nächste Stufe der Treppe zu Licht und Leichtigkeit noch müheloser emporzusteigen. Je mehr Menschen sich an der Lichtarbeit beteiligen, desto schneller ist es möglich, das gesegnete Zeitalter zu erreichen, wo jeder, der möchte, glücklich, gesund und zufrieden und wohlhabend in geistiger und materieller Fülle leben kann. Das ist keine Utopie mehr, und ihr könnt stolz darauf sein, es euch selbst verdient zu haben.

Alle miteinander, ob bewusst oder unbewusst, arbeiten wir zusammen. Die Schwarzseher und Jammerer sind doch der Motor für die Menschen, die schon erwacht sind und zum Licht streben. Deshalb tadelt sie nicht, sondern seid ihnen dankbar für den Antrieb, den sie euch geben.

Übt euch im Visualisieren, denn darin liegt die Macht der Zukunft. Mit Wort, Bild und Gedanken seid ihr die Schöpfer der zukünftigen Welt und eures Lebens. Stellt euch die Erde als absolut gesunden und glücklichen Organismus vor, eine Wesenheit (ein lebendiges Wesen), die euch voller Liebe versorgt und euch trägt und erträgt. Sendet ihr Liebe, Dankbarkeit und Ehrfurcht für das, was sie tut, und sie wird es euch tausendfach danken.

So sei es.

Gebet für die Erde

Liebe Mutter Erde, wir danken dir, wir ehren dich,
und wir lieben dich von ganzem Herzen.
Wir sehen dich als strahlenden, glücklichen und
vollkommen gesunden Planeten,
der in Einklang schwingt
mit einer glücklichen und gesunden Menschheit.

So sei es, und so ist es.
Danke.

In Liebe, Erzengel Raphael

Wo gehen wir hin?

Wir gehen zurück in den Ozean des Lichts. Ihr alle seid Ausgesandte des Lichtes und jeder Einzelne von euch ist ein strahlendes Abbild Gottes, denn ihr alle kommt aus Gott und geht zu ihm zurück. Alles ist eins. Wie ein Ozean aus Milliarden von Wassertropfen besteht und doch eins ist, so besteht Gott aus Milliarden und Abermilliarden Wesenheiten, die alle ein Stück von ihm in sich tragen.

„Was du dem Geringsten deiner Brüder getan hast, das hast du mir getan" ..., oder dir selbst. Bedenke dies vor allen deinen Gedanken und vor allen deinen Handlungen. Aus der einen Quelle gekommen, geht ihr auch dahin zurück in die Einheit, bis ihr einen neuen Auftrag erhaltet und wieder eine aus der Einheit gehobene Wesenheit werdet, die zu neuen Aufgaben und Taten bereit ist.

Begriffserklärungen

Hohes Selbst

Das Hohe Selbst ist der Anteil von euch, der noch mit dem Göttlichen in Verbindung steht. Es ist schon immer da und wird auch immer da sein. Es begleitet euch durch alle Inkarnationen und weiß um euren Weg in diesem Leben. Deshalb ist es wichtig, Kontakt mit dem Hohen Selbst aufzunehmen und seinen Rat und seine Weisheit anzunehmen, denn es kann euch schmerzliche Umwege ersparen.

Geistführer

Ihr seid nie alleine auf eurem Weg durch das Leben. So stehen immer Wesenheiten aus höheren Dimensionen bereit, die euch helfen möchten und nur auf eine Bitte oder eine Genehmigung von euch warten. Die Geistführer sind eine Gruppe davon. Sie haben den Weg, den ihr jetzt geht, meistens auch schon durchschritten und stehen jetzt zur Hilfe für euch bereit, um euch auf allen Ebenen zu unterstützen.

Seelengeschwister

Viele Seelen haben sich zu so genannten Seelenfamilien zusammengeschlossen, um sich die Aufgaben, die sie sich vorgenommen haben, gegenseitig zu stellen oder auch sich zur Hilfe zu kommen, wenn es gar zu schwierig wird. Im Rahmen dieser Seelenfamilien durchlebt ihr viele irdische oder auch andere Inkarnationen mit immer wechselnden Rollen. In diesem Leben Vater, im nächsten Leben Kind, oder ähnlich.

Dualseelen

Jeder Mensch hat eine Dualseele, die jedoch nicht immer zur gleichen Zeit hier auf der Erde verkörpert ist. Sie ist eure Hilfe in Zeiten der Verwirrung, oft steht euch eure Dualseele in einer anderen Dimension zu Verfügung, um euch auf den rechten Weg zu leiten, wenn ihr die Richtung verloren habt. Ganz selten sind beide Dualseelen gleichzeitig inkarniert, und das kann ganz schön schwierig werden, weil dann beide meist ohne die Hilfe ihrer Dualseele den Weg finden müssen.

In machen Fällen ist die Dualseele auch in mehrere Teile gespalten, was einer Zusammenarbeit aber ganz und gar nicht im Wege steht. In je mehr Teile eine Seele gespalten ist, desto größer ist oft das Gefühl der Einsamkeit und Verlassenheit. Aber keine Sorge, wenn ihr zurück ins Licht geht, fügen sich alle Teile wieder zusammen, und je mehr Einzelteile unterwegs waren, umso mehr Erfahrungen bringt die Gesamtseele mit zurück.

Engel

Hier ist Erzengel Michael, der euch erklären will, was Engel sind:

Engel sind Diener und Boten Gottes, die diese Aufgabe aus freiem Willen und voller Liebe übernommen haben. Jeder Mensch hat einen Engel, der ihm fest zugeteilt ist. Ihr nennt ihn Schutzengel. Dieser Engel bleibt oft über mehrere Leben bei der gleichen Seele und wechselt nur selten. Die Erzengel stehen in der Hierarchie um eine Stufe höher und haben die Aufgabe des Ordnens und Hütens der Engelscharen und darüber hinaus gehende eigene Aufgaben. Das heißt aber nicht, wie ihr euch das vorstellt, dass sie der „Chef" im Himmel sind. Alle arbeiten gleichwertig zusammen.

Aufgestiegene Meister

Aufgestiegene Meister/innen sind Seelen, die alle ihre Entwicklungsstufen auf der Erde erfolgreich durchlaufen haben und nun auf geistiger Ebene den Menschen als Helfer und Führer zur Verfügung stehen, wie zum Beispiel Jesus/Sananda und Buddha.

Heiliger Geist

Der Heilige Geist ist der Teil der göttlichen Dreiheit, dessen Aufgabe es ist, Verbindung zu schaffen, Verbindung zwischen jedem Einzelnen von euch und seinem Gottesfunken und zu Allem-was-ist. Verbindung zwischen Gott-Vater-Mutter und Sohn, zwischen Erde und Universum.

Ich bin der Geist, der alles verbindet und den Ozean der einzelnen Seelentropfen in Gott zusammen hält. Und wenn es möglich ist Geist und Erkenntnis auf euch überspringen lässt, so dass Weisheit sich über die Menschheit und alle Wesenheiten ausbreiten kann.

Nachwort

Nachwort

wir grüßen euch und freuen uns
darüber daß ihr dieses buch gelesen
habt wir hoffen sehr unsere antworten
konnten euch eine hilfe sein bei den
menschlichen fragen des alltags
wenn ihr weitere fragen habt dann
wendet euch an rosemarie und
wir werden mit ihrals kanal
eure fragen bestmöglich beantwortet so daß ihr euren weg
mit weniger problemen gehen
könnt und euer vertrauen
zu gott und eurer geistigen führung
wächst

in großer liebe und hochachtung
eure geistigen führer engel und
aufgestiegenen meister

Dieses Nachwort ist in Originalschrift belassen und soll Ihnen einen Eindruck vermitteln, wie die Antworten, die in diesem Buch abgedruckt sind, empfangen wurden. Nachdem die Frage gestellt wurde, beginnt die Hand automatisch zu schreiben, alles aneinander und ohne Punkt und Komma.

Wir grüßen euch und freuen uns darüber, dass ihr dieses Buch gelesen habt. Wir hoffen sehr, unsere Antworten konnten euch eine Hilfe sein bei den Fragen des Alltags.

Wenn ihr weitere Fragen habt, dann wendet euch an Rosemarie, und wir werden mit ihr als Kanal eure Fragen bestmöglich beantworten, so dass ihr euren Weg mit weniger Problemen gehen könnt und euer Vertrauen zu Gott und eurer geistigen Führung wächst.

In großer Liebe und Hochachtung,
eure geistigen Führerengel und Aufgestigenen Meister

Ausklang

In diesem Buch kann nur ein Bruchteil der Fragen des Lebens angeschnitten oder geklärt werden. Wir hoffen aber mit der Auswahl an Fragen einen wichtigen Grundstein für die geistige Entwicklung des Lesers gelegt zu haben. Wir danken an dieser Stelle auch allen Freunden, die uns mit Fragen versorgt haben.

Sollten Sie weitere, persönliche Fragen an das Universum haben, so gibt es die Möglichkeit, diese in Einzelsitzungen mit Rosemarie Gehring zu stellen.

Wir bitten um Verständnis, dass Terminvereinbarungen per Telefon nur montags von 8:30 Uhr bis 10:30 Uhr unter der Telefonnummer 06894/1690129 möglich sind. (Das Telefon ist nur während dieser Zeit angeschlossen.)

Bücherempfehlungen

Hier ein kleiner Ausschnitt der Bücher, die uns geistig weitergebracht haben.

Shalila Sharamon/Bodo J. Baginski
Das Chakra-Handbuch
Windpferd Verlag

Paul E. Dennison, Gail E. Dennison
Brain-Gym
VAK

Claire Avalon
Wesen und Wirken der Weißen Bruderschaft
Was ihr sät, das erntet ihr
Die zwölf göttlichen Strahlen und die Priester
von Atlantis
Smaragd Verlag

Lee Carrol
Die Reise nach Hause
Koha Verlag

Neal Donald Walsch
Gespräche mit Gott
Urania Verlag

Louise L. Hay
Wahre Kraft kommt von innen
Lüchow Verlag
Gesundheit für Körper und Seele
Allegria / Ullstein

und andere....

Claire Avalon
Wesen und Wirken der Weißen Bruderschaft
128 Seiten, DIN A 5, Softcover
ISBN 978-3-926374-90-5

„Wie wir wurden, was wir sind –
Und wie wir werden dürfen, um zu sein."
Die Autorin vermittelt in einfacher und klarer Sprache den Aufbau
der Großen Weißen Bruderschaft, einer rein geistigen Hierarchie
für unsere Erde, und geht dabei weit zurück bis zu den Ursprün-
gen unseres Seins. Außerdem weisen die Aufgestiegenen Meister und Weltenlehrer, wie Jesus, Helios, Kuthumi, Maha Cohan,
Maitreya, Sanat Kumara, anhand gechannelter Texte den Weg zurück ins Licht.

Claire Avalon
Die zwölf göttlichen Strahlen und die Priester aus Atlantis
384 Seiten, Großformat, gebunden
ISBN 978-3-934254-12-1

Dieses umfangreiche, ausschließlich gechannelte Werk enthält
hochinteressante Informationen über das Wirken der zwölf göttlichen Strahlen und macht uns mit dem neuen und doch alten
Basiswissen aus Atlantis vertraut, das uns bisher nicht zur Verfügung stand. Wir lernen 84 atlantische Priester und Priesterinnen
kennen, die von EL MORYA vorgestellt werden und dann selbst
zu ihren speziellen Aufgaben sprechen. Ein wichtiges Buch, das auch viele Therapeu-
ten, Heilpraktiker und Helfer der Menschheit erreichen möchte.

Ines Witte-Henriksen
Hilarion – Flamme der Wahrheit
168 Seiten, broschiert
ISBN 978-3-934254-95-4

Ines Witte-Henriksen, deren Geistführer Hilarion ist, berichtet
über den grünen Strahl von Hilarion, auf dem auch Erzengel Ra-
phael dient und der die Bereiche Wahrheit, Konzentration und
Heilung berührt.
Und so geht es hier vorwiegend um Heilung nach dem Motto:
Heiler, heile dich selbst!
Die Kraft der Konzentration von Hilarion führt uns nach innen, wo
wir unserer eigenen Kraft und Stärke, aber auch unserem eigenen Licht- und Schat-
tenreich begegnen, damit wir uns aus der Opferrolle befreien und ganz in die eigene
Schöpferkraft gehen können.
Die goldenen Engel der Weisheit unterstützen die Heilkraft des grünen Strahls, indem
sie dem Menschen immer wieder Impulse geben, der eigenen Weisheit zu vertrauen
und der inneren Stimme zu glauben.
Die Autorin macht Mut, der eigenen Wahrheit zu begegnen und diese im Alltag zu leben.

Patrizia Pfister
Das Regenbogenzeitalter – Die Menschheit erwacht
480 Seiten, Großformat, gebunden, mit Lesebändchen
ISBN 978-3-934254-94-7

Dieses Buch enthält eine Fülle brandneuer Informationen für das 21. Jahrhundert, die die Autorin durch die Vertreter und Lenker der 12 göttlichen Strahlen erhielt - darunter El Morya, Lady Rowena, Serapis Bey, Hilarion, Mutter Maria, St. Germain, Maha Cohan, Sananda, Kuthumi), ebenso wie von Erzengel Michael, Metatron, KRYON u.a. zu den Vorgängen, die sich mit dem Begriff „Aufstieg" zusammenfassen lassen.
Dazu gehören hochinteressante Durchsagen zu den fünf neuen Chakren und viele praktische Übungen und Anleitungen, wie sich der Lichtkörperprozess aktiv unterstützen lässt. Das Regenbogenzeitalter ist ein Zeitalter der Farben und der Veränderung, das hier erstmalig detailliert beschrieben wird.
Dieses Buch richtet sich an jeden Menschen, der sich weiterentwickeln will.

Ava Minatti
Engel helfen heilen
Lass deine Flügel wieder wachsen
400 Seiten, A 5, broschiert
ISBN 978-3-938489-06-2

Viele der uns vertrauten Engel sprechen zu den unterschiedlichsten Themen: So laden uns Raphael, Uriel, Gabriel und Michael in ihren Botschaften ein, uns mit den vier Elementen Erde, Feuer, Luft und Wasser auszusöhnen. Metatron spricht über die Liebe, und Melchisedek über die Weisheit, während uns Ariel hilft, unser inneres göttliches Licht zu erkennen und strahlen zu lassen.
Chamuel befasst sich mit dem Thema „Partnerschaft in der Neuen Zeit" und Zadkiel mit der Kraft der Transformation und dem Licht der Gnade. Eine Begegnung mit unserem Schutzengel wartet auf uns ebenso wie unser Mond- und unser Sonnenengel. Wie immer, wenn wir sie darum bitten, helfen uns die Engel dabei, die momentanen Veränderungen zu verstehen und in unserer Mitte zu bleiben, was auch immer geschieht. Mit wunderschönen Meditationen und Durchsagen von der Engelebene.

Renate Jörger
Quelle der Heilung
360 Seiten, A5, gebunden, mit Lesebändchen
ISBN 978-3-938489-32-1

Einfühlsame Worte von Raphael und der Großen Weißen Bruderschaft geleiten uns sanft an jenen Ort, an dem wir die Anbindung an die göttliche Quelle bewusst vollziehen können. Die Wesen der Lichtebene, u.a. Sananda und Kuthumi, führen uns zum Tor der Multidimensionalität und lassen uns, sofern wir dieses möchten, aktiv teilhaben an der Auflösung unseres Karmas.
Die ganzheitliche Heilung des Menschen steht im Vordergrund, wobei die Selbstheilungskräfte mithilfe der Übungen aktiviert werden können.
Wir lernen aus der Quelle allen Seins zu schöpfen und erfahren durch die tief berührenden Worte der Geistigen Welt bereits bei der Lektüre Heilung.